星を楽しむ

天体観測のきほん

大野裕明　榎本 司

月食、日食、流星群、彗星、
宇宙で起こる現象を調べよう

はじめに

　小学校4年生を対象とした講演会の会場で、
「夜空に輝くお月様がどこまでもついてくるのはなぜですか？」
と、質問を受けました。

　何かしらに興味を持つというのは、成長していろいろなことを見聞きし、実体験を繰り返し返す中でというのが自然かもしれませんが、星をはじめとする自然現象については、何も誰からも教わることなくても自然に疑問が湧いてくるものだと感じます。

　母によると、幼いころの私にはよく「いつもついてくるお月様を取ってほしい」といわれていたそうです。その後、小学校4〜5年生のとき、担任の先生が休み時間に天体望遠鏡で太陽を見せてくれたことがきっかけで天文に興味を持ち、今の私があります。

　さて、天体観望会や講演会に参加された人とお話をすると、天体観測はむずかしいものだと先入観を持っている人が多いと感じます。でも、そんなことはありません。たとえば天気の場合、「今日のお天気はどうかな？」と思ったらテレビやインターネットで天気予報を見たり、あるいは無意識のうちに空を見上げると思います。このような「観天望気」と同じように、夜空を見上げて「今夜は星が見えるかな？」「今どんな星が見えているかな？」というところからすでに、天体観測の始まりなのです。

　本書では、自分の眼、つまり肉眼で観測できる星座の観察、月の満ち欠け、流星群の観測なども詳しく紹介しています。天体観測にもいろいろありますが、意外に気軽に始めることができるのがわかると思います。初心者でもできる天体観測を数多く紹介していますが、一つ一つ観測のレパートリーを増やしていくこと

で、天体をどう観測すればよいのかがわかるようになり、宇宙についてますます興味がわいてくることでしょう。

　そしてもう少し興味を持つようになったら、双眼鏡や天体望遠鏡を使って月面のクレーターや惑星、星雲や星団を観測するのもよいでしょう。土星の環を自分の目で実際に眺め、木星の衛星が時間を追うごとに位置が変わっていることを確かめたときの感動と興奮は、私は未だに忘れられないほどです。

　さらに興味を持ち、変光星や重星、超新星や新星、彗星などの天体観測を始めると、天体に対しての天文学的な興味がますます湧いてきます。そうなると、ただ星を眺めるだけでなく、科学的な視点からも星を見るようになります。

　国立天文台はじめ世界中のプロ天文学者は、最先端の観測機器を使い、天文学の研究をしています。研究そのものは決して派手ではなく、地道に観測を繰り返し、研究結果を論文にまとめるという作業ですが。

　一方、プロ天文学者にも匹敵するような研究や観測をしているアマチュアの天文ファンも大勢います。もちろん天文学者にならなくても天体観測を楽しむことはできますし、アマチュアならではの研究もあるのです。

　一人でも多くの人が、星を眺めることの楽しさを知り、きれいな星や不思議な星に興味を持って、天体望遠鏡などで星空をのぞいてみてほしい、そして観測を始めてみるきっかけになってほしいと思います。天体観測は、あなた次第です。

　ひょっとするとあなたも、いずれ天文学者となって、最先端の研究に携わることになるかもしれません。

2019年11月

星の村天文台長　大野裕明

CONTENTS

はじめに 2

第1章 天体観測を始める前に

天体観測のいろいろ 8
肉眼での観測 8
双眼鏡での観測 8
天体望遠鏡での観測 9
カメラを使った観測 9

天体観測の服装とグッズ 10
春〜夏の服装 10
秋〜冬の服装 10
天体観測に必要なもの 10

双眼鏡での観測 12
双眼鏡の選びかた 12
双眼鏡の使いかた 13

天体望遠鏡での観測 14
天体望遠鏡の選びかた 14
天体望遠鏡の使いかた 15

第2章 星と星座の観測

星の動きを知ろう 18
星座早見盤の使いかた 20
COLUMN　スマートフォンで星空を調べる 21
星の明るさ 22
COLUMN　星に付いているギリシャ文字とその読み方 ... 23
星の色 24
1等星写真リスト 26
星座の観測 28
北極星を見つけよう 29
現代星座の誕生 30
星座一覧表 30
星のものさし 32
春〜冬の星座 .... 33〜36

第3章 月の観測

月の観測 38
月の満ち欠け 38
月の遠近 38
COLUMN　月のスケッチをしてみよう 39
月の見える時刻と方位 40

月の地形 40

月面図 42

月齢 3 〜 25 .... 44 〜 51

月食の観測 52

部分月食の観測 53

皆既月食の観測 54

星食と接食の観測 56

第4章　太陽の観測

太陽の観測 60

いろいろな太陽の姿 60

太陽黒点の観測 61

黒点の見えかた 62

黒点群の分類 62

黒点をスケッチしよう 64

プロミネンスの観測 66

惑星の太陽面通過 67

日食の観測 68

日食とは 68

いろいろな太陽観測 70

第5章　惑星・小惑星・流星・彗星の観測

水星の観測 74

太陽にもっとも近い内惑星・水星 74

観測のしかた 74

金星の観測 78

もっとも明るく輝く明星・金星 78

観測のしかた 78

火星の観測 82

2年2ヵ月ごとに接近する火星 82

観測のしかた 82

火星の季節と極冠 82

火星の気象現象 85

木星の観測 88

太陽系最大のガス惑星・木星 88

観測のしかた 90

COLUMN　惑星観測は動画撮影が主流に 93

ガリレオ衛星の観測 94

土星の観測 96

美しい環を持つガス惑星・土星 96

観測のしかた 96

土星の衛星の観測 101

天王星・海王星の観測 ················· 102
天王星とその観測 ························· 102
海王星とその観測 ························· 102

小惑星の観測 ··················· 104
COLUMN　小惑星探査機「はやぶさ2」 ········· 104

流星の観測 ···················· 106
流星とは ······························· 106
流星群とは ····························· 108
流星群の種類 ··························· 108
流星群を観測しよう ····················· 110
おすすめの流星群 ······················· 112

彗星の観測 ···················· 114
彗星とは ······························· 114
彗星の軌道 ····························· 116
彗星の構造 ····························· 116
COLUMN　彗星の記号の読み方 ············· 117
彗星の観測 ····························· 118
肉眼での観測 ··························· 118
写真での観測 ··························· 120
スケッチをとる ························· 120

第6章　星雲・星団・変光星・新星・超新星・重星の観測

星雲・星団の観測 ················· 122
肉眼での観測 ··························· 122
双眼鏡での観測 ························· 122
望遠鏡での観測 ························· 123
星雲・星団の種類 ······················· 124
カメラで記録する ······················· 126
COLUMN　メシエ天体とNGC天体 ·········· 126
スケッチで記録する ····················· 127
おすすめのメシエ天体とその他の天体リスト ····· 129

変光星の観測 ··················· 130
変光星とその種類 ······················· 130
食変光星アルゴル ······················· 130
脈動変光星ミラ ························· 132
測光：星の明るさを測るには ··············· 134

新星と超新星の観測 ··············· 136
新星と超新星とは ······················· 136
新星と超新星の観測 ····················· 137

重星の観測 ···················· 138
重星とその観測 ························· 138

おわりに ······························· 142

第1章
天体観測を
始める前に

天体観測のいろいろ

肉眼での観測

　天体観測の中で一番手軽なものは、自分の目、肉眼での観察です。ふだんから周りの景色や天気などを気にして空を見上げることがあるでしょう。それと同じように、夜空を見上げれば星空の観測になります。

　星座の観察や流星観測は広い範囲の空を観測するので、肉眼での観測がもっとも適しています。そのほか夜空を横切る天の川の観察も肉眼でできる楽しい観察です。また、月と太陽そして地球が巻き起こすダイナミックな天文現象の月食や日食、10年に一度くらいしか出現しない巨大な彗星などは、肉眼でも観測できる天文現象です。

双眼鏡での観測

　満天に星が輝くようなすばらしい星空のもとで、初めて天の川を見たときの感動は忘れられません。夏の天の川を眺めると、はくちょう座付近は天の川が二手に分かれているように見え、いて座やさそり座付近は複雑に入り組んでいるように見えます。その天の川の無数の星ぼしをもっと詳しく見てみたい場合などに、役に立つのが双眼鏡です。肉眼で見る星は倍率が1倍ですので、細かいところまではまったく見えませんが、倍率が7〜8倍程度の双眼鏡で見ると、より暗い星、そして細かい部分を見ることができます。双眼鏡を使えば月面のクレーターや木星の衛星、星雲や星団のおおまかな形状がわかります。そのほか、暗くて淡い彗星の観測、月食中の月や皆既日食中の太陽観測など、双眼鏡は欠かせないものです。

肉眼での観測　　双眼鏡での観測

天体望遠鏡での観測

　天体望遠鏡で観察できる天体は、とてもたくさんあります。天体望遠鏡は低倍率から高倍率まで、観測したい天体に応じて適正な倍率にして天体を観察します。星雲や星団、彗星の観測などは低倍率を使うことが多く、木星や土星などの惑星観測には高倍率で観測をします。

　ただ、天体望遠鏡で大切なのは倍率でなく、口径の大きさです。口径が大きいと天体の光をたくさん取り込むことができて、天体の像が明るく鮮明に見ることができます。口径が大きいと細かいところまで見分ける能力「分解能」と暗い星まで見ることができる能力「限界等級」が良くなります。天体望遠鏡の代表的な光学系には、屈折望遠鏡、反射望遠鏡、シュミット・カセグレン望遠鏡があり、これらを水平の2方向への動きで鏡筒が動く「経緯台式」や、天体の日周運動と同じように、弧を描くような動きで鏡筒が動く「赤道儀式」の架台に載せて使います。

カメラを使った観測

　天文現象で記録を取る場合に有効なのが、カメラで天体を撮影することです。肉眼で天文現象を楽しんで、観測記録用にカメラで撮影をします。撮影した画像とともに時刻やカメラの設定などがデータとして記録されるので、あとで記録を整理するときに便利です。

　また、流星群、皆既日食や皆既月食、星が月に隠される星食のように、動きのある天文現象の場合には、動画で撮影することをおすすめします。動画で撮影をしておくと観測者の様子や周りの風景なども記録され、天文現象の様子と臨場感がわかる観測記録となります。

天体観測の服装とグッズ

春～夏の服装

　春になり暖かくなっても、夜はまだ寒いものです。昼間は暖かくても夜の観測では、まだまだ冷え込むことがあるので、パーカー、ウィンドブレーカーのように上に羽織れるものを必ず用意しておきましょう。夏の場合でも、海や山では、風が強かったり、予想外に冷え込む場合もあります。

　また、夏場は虫対策も必要です。郊外などで半袖シャツで観測をしていると虫に刺されることがあります。薄手の長袖シャツや防虫スプレーがあるとよいでしょう。

秋～冬の服装

　秋の夜はすでに冬の気温になっている場合がありますから、防寒の準備は必須です。春先含め、このような季節の変わり目は寒暖の変化が大きく、体調をくずして風邪を引きやすいですから要注意です。

　手袋は操作がしやすいもの、帽子は耳まで覆えるものが良いでしょう。また、首元が空いているとそこから熱が逃げ、寒さを感じます。首周りがしっかり覆える服、そしてマフラーを用意しても良いでしょう。また、登山用や魚釣り用の防寒具は機能性が高いものが多く、天体観測にも向いています。

天体観測に必要なもの

　天体観測を始めるにあたり、どんなものがあったらいいのでしょうか。天体望遠鏡や双眼鏡はもちろん、ほかに必要なものをあげてみましょう。

春～夏の服装　　秋～冬の服装

星図や星座早見盤

星を探すには、その星の位置が詳しく載っている星図が必要です。大まかな位置を知りたいときは、星座早見盤でもいいでしょう。

シートやマット

地面に直接座るときに、シートやマットがあるといいでしょう。石でゴツゴツした地面や、露で濡れた場所でも安心です。

ヘッドライトや手持ちライト

暗くなる前に必ず準備して、首に下げるなどして身に付けておきます。白色ライトのほか、暗闇でもまぶしくない赤色ランプは用意しましょう。赤色でない場合は、赤色のセロファンなどを貼ると代用できます。ヘッドライトは両手が自由に使えるので便利です。なお、暗闇で望遠鏡の接眼レンズの交換や、星図を見る際にライトが明るいと観測に支障が出ます。明るさを調節するか、調節ができないもタイプであれば、ライトの筒先にビニールテープを貼り付けて調光しましょう。

天文年鑑や天文雑誌

天文現象などは正確な情報を調べるものとして、持っているとよいでしょう。天文現象については事前に調べておきますが、確認用として、観測時には持っていきましょう。

スマートフォン

スマートフォンは、今や天体観測に欠かせないツールになっています。時計、ライト、方位磁石、星空シミュレーションアプリで星図を見たり、メモや音声録音、写真撮影、動画撮影などにも使えます。

天体観測は屋外ですので、ほとんどアウトドアです。ホームセンターや登山用品店などを見て回り、必要なものをそろえるのもいいでしょう。そのほか、夏の蚊対策用品なども重要です。

双眼鏡での観測

双眼鏡の選びかた

　天体観測で双眼鏡を選ぶポイントは、対物レンズの口径が大きいことです。夜空に輝く星は、明るいとはいえ、日中の風景ほどではありません。暗い星をいかに明るく見えるかは、対物レンズの大きさにかかってきます。

　また、双眼鏡は手持ちで天体をのぞくことも多いので、あまり高倍率なものはおすすめしません。8〜10倍のものが使い勝手がよいでしょう。

　小型の双眼鏡なら手持ちで楽しめますが、大型双眼鏡は重くて、手持ちでの観測は不可能です。そのようなときは三脚に取り付けて使います。

　先ほど、対物レンズの口径が大きい方が天体観測に有利といいましたが、実は口径が大きければよいというものでもありません。たとえば皆既日食や旅先で星空観測をするような場合には、小型で軽量なものが向いています。私は、口径が42mm程度、倍率が8倍の双眼鏡をよく使います。

　双眼鏡を選ぶ際は、どのような環境で、何を観測したいのかによって、口径、倍率、視野の広さ、何を重視するかによって選ぶ双眼鏡が変わります。また、値段だけ見て安価だからといってみやみに飛びつかないことです。双眼鏡は「一生付き合える道具」ですので、販売店に並んでいる双眼鏡を実際にのぞいて見くらべてから購入しましょう。

双眼鏡の使いかた

　双眼鏡は手で持っただけでは不安定で、視野が揺れてしまい、天体が見えにくくなってしまいます。手持ちで使う際には、双眼鏡を両手で持ち、どっしり両足を開いて立ち、脇を絞ってぶれないようにします。大きな双眼鏡は、三脚に取り付けて使用します。

　眼の間隔（眼幅）は、人によって違います。双眼鏡をのぞく際は、まず眼幅を自分の間隔に合わせます。観測を始める前にあらかじめ合わせておくようにしましょう。

　次にピントを合わせます。人間の眼は左右でピントの位置が違うので、双眼鏡では左右それぞれでピントを合わせます。ピントリングを使って合わせますが、双眼鏡の種類によって合わせ方が異なりますので、説明書を読んで、ピントの合わせ方をマスターしておきましょう。ピントを合わせずに双眼鏡をのぞいていると、きちんと天体が見えないですし、とても眼が疲れます。

　メガネをかけている方は接眼鏡のラバーを折り曲げて視野を広く見えるようにします。

大きめの双眼鏡は三脚に固定します。

手持ちの場合はしっかり持ってのぞきましょう。

天体望遠鏡での観測

天体望遠鏡の選びかた

　月や星、惑星を始めとするいろいろな天体を、より明るく詳細に観測するために作られた天体望遠鏡ですが、どこまで詳しく見られるのかは、望遠鏡を選ぶ際の大切なポイントです。倍率を高くすると、天体の細かいところまで見えてきそうですが、天体を見分けられる能力は、双眼鏡と同じで口径の大きさによります。

　口径の大きさで、どこまで暗い星が見えるか、細かいところまで詳細に見えるかが決まります。ただ双眼鏡にくらべて天体望遠鏡は大型になりますので、購入の際は、保管時のことも考慮しなければいけません。

　天体望遠鏡の光学系は、屈折望遠鏡、反射望遠鏡、カタディオプトリック式望遠鏡に分けられます。架台は、上下水平に動かせる経緯台と、星の動きを追尾する赤道儀があり、観測目的に合った組み合わせを選びます。

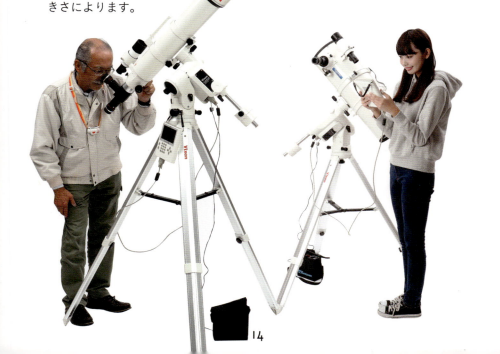

天体望遠鏡の使いかた

　天体望遠鏡は実際の天文現象が起こる夜まで待つわけではなく、昼間の明るいうちに準備をしておきましょう。できれば一度、組み立てを行ない、天体望遠鏡の動作のチェックや、ファインダーを合わせておきましょう。

　また、観測が月食や星食など、時間とともに変化していく現象であれば、実際の観測手順をイメージして、練習をしておくのもよいでしょう。

　説明書は熟読して、天体望遠鏡の操作方向を、理解しておきましょう。天体観測時は、真っ暗なので、望遠鏡のクランプや各部の位置関係を熟知することが大事です。観測時に操作に手間取ったり、望遠鏡にうっかり頭をぶつけたりすることがないよう注意したいものです。

　天体望遠鏡を設置する際の場所決めで注意したいのは、水平な場所で地面がしっかり締まっていて、観測中に天体望遠鏡が動いたりしない場所を選ぶことです（なお、身の安全が確保できる場所で天体観測をするのが大前提です）。

　三脚に架台を取り付けたあと、架台に鏡筒を取り付けますが、天体望遠鏡にとっていちばん大切な鏡筒を支えてくれるのが架台です。観測中に鏡筒が動いたり、回ったりしないよう、しっかり架台に取り付けます。

　また、天体望遠鏡は観測に使っている時間より、保管をしている時間のほうがはるかに長く、保管時の状態も大切です。保管の際には、カビが発生しないように注意し、望遠鏡を長時間使用しない場合は、コントローラーなどの電池ボックスから電池を抜いて、液漏れを起こさないようにしておきます。

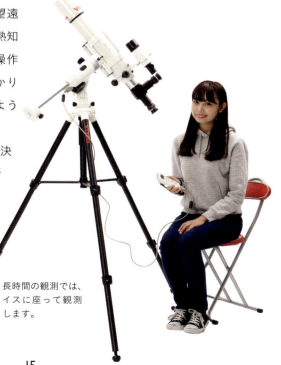

長時間の観測では、イスに座って観測します。

南半球で見たさそり座

北半球で見たさそり座

16

第2章

星と星座の
観測

星の動きを知ろう

「星」というと、夜空に輝く星座を形作る星ぼしや惑星を想像するかもしれません。しかし忘れてはいけないものが、太陽と月です。地球は地軸を中心として自転しているため、これらの星は東から西へと空を移動していくように見えます。これを「日周運動」といいます。星空の撮影では、この動きを理解することが必要です。右ページには、北半球においてのそれぞれの方角の空の星の動き方を示しました。

この日周運動による天体の動きを理解するには、天球と天体の位置を示す赤道座標について知っておくと便利です。天球は地心（地球重心）あるいは測心（観測地）から無限大の距離にある仮想球に天体をマッピング（射影）したもので、太陽や月、惑星、恒星などの位置を球面座標系で表わすことができるようにしたものです。下に示したのが、天球の概念と赤道座標、黄道の図です。

● **天球の概念と赤道座標、黄道**

天体の位置は、地球の北極・南極を投影した天の北極・南極、地球の赤道を投影した天の赤道を基準とした、赤道座標で表わします。

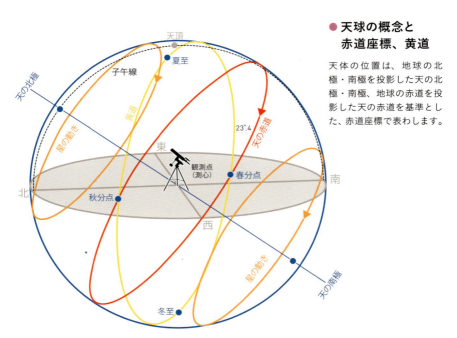

● 北の空

北極星をほぼ中心に、反時計回りに回転しています。

● 東の空

地平線から昇ってきた星が、右上へ動いていきます。

● 西の空

地面と平行に、地平線に近いほど弧を描いて左から右へ動きます。

● 南の空

地平線へと沈んでいく星が、右下へ動いていきます。

星座早見盤の使いかた

「あの星はどこの星座の星かな？」

そんなときに役立つのが、星座早見盤です。星座早見盤は、日付と時刻を合わせるだけで、見たい時刻に見える星空がわかる便利な道具です。実際の観測では、見たい星座や天体が空に昇ってくる時刻や、見ごろになる時刻を調べたりするのに使い、詳細な星の並びや位置については星図を使います。

なお、星座早見盤を読み取るためのライトはあまり明るくないもの、できれば赤色のライトを使うとよいでしょう。

1 星座早見盤を用意します。留め具が北極星、窓から見える部分が見える星空になります。

2 まず、下の盤を回して、いちばん外側の日付と観測する時刻を合わせます。

3 次に、見たい星空の方向に体を向け、その方角を調べます。

4 向いているのが南なら、「南」の文字を下にして、星空に掲げます。

20

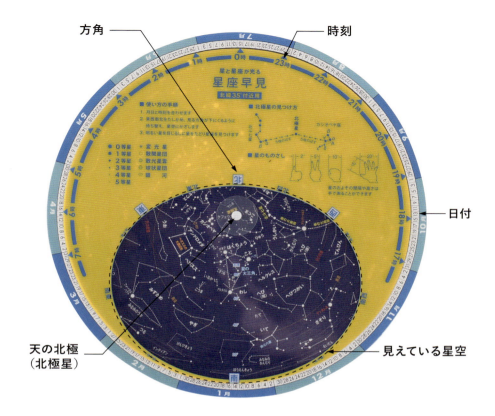

方角 / 時刻 / 日付 / 見えている星空 / 天の北極（北極星）

COLUMN
スマートフォンで星空を調べる

スマートフォンにはGPSやコンパス機能があるので、天文アプリと合わせて使うと、その場所での正確な情報が手軽に入手でき、天体観測がより快適になります。スマートフォンを夜空にかざせば、今見ている星や星座がすぐにわかりますし、その天体について解説も調べることができます。

さらに、火星の表面模様や木星の衛星の動き、日食や月食の様子をシミュレーションしてくれるアプリもあります。自分の目的に応じて使い分けましょう。星空撮影ができる高性能カメラを搭載した機種もあり、今やスマートフォンは天体観測に欠かせません。

星の明るさ

　夜空の星ぼしを見ていると、明るい星から、暗い星まで、さまざまな明るさの星があります。同じ星座の中でも、星の明るさはまちまちです。

　星の明るさには1等星、2等星、3等星などの表記がありますが、明るさが1等変化するごとに2.512倍の変化があり、1等星は6等星の100倍もの明るいことになり、6等星100個分の明るさが1等星ということになります。

　1等星より明るい星は0等星、さらに明るい星は−（マイナス）を付け、−1等星とよんでいます。さらに明るさを細かく表わす場合には、小数点以下の数字を使います。

　夕空で一番星としてギラギラ輝いて見える金星は、もっとも明るいときで−4.7等にもなります。ちなみに満月の明るさは−12.7等、太陽の明るさは−26.7等です。

　空の明るい住宅街などでは3等星ぐらい、都会から離れた高原や海辺で5等星くらいが見えるでしょう。なお、肉眼で見える限界は6等星だそうです。

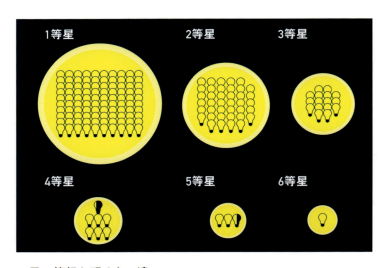

● 星の等級と明るさの違い
LED球で星の明るさの違いを表わしました。

夜空の暗い場所では肉眼でも天の川がはっきり見えます。写真中央上の明るい星は火星で－2.5等です。下の方に見えている木星は－2.0等。その中間より上、天の川の中に見えている土星は、0.1等の明るさです。

COLUMN
星に付いているギリシャ文字とその読み方

　私が若いころに使用していた星図の中に「ウラノメトリア星図」があります。1603年、ドイツのヨハン・バイエル氏がこの星図を出版する際、星座ごと、明るい星の順にギリシャ文字を表記していったそうです。下の表はそれぞれの読み方と順序です。

　1つの星座の中でギリシャ文字の最後のωのあとは、a以外のアルファベット、そしてある程度の数字となっています。星座の明るい星には固有名が付いていますが、ギリシャ文字でも呼称する場合があります。たとえばオリオン座の「ベテルギウス」は「オリオン座α星」などと表記する場合があります。

ギリシャ文字の一覧表

ギリシャ文字	ギリシャ読み	日本での一般的なよび方
α	アルプ	アルファ
β	ベータ	ベータ
γ	ガンマ	ガンマ
δ	デルタ	デルタ
ε	エ・プシーロン	イプシロン
ζ	ゼータ	ゼータ
η	エータ	エータ
θ	テータ	シータ
ι	イオータ	イオタ
κ	カッパ	カッパ
λ	ランブダ	ラムダ
μ	ミュー	ミュー

ギリシャ文字	ギリシャ読み	日本での一般的なよび方
ν	ニュー	ニュー
ξ	クシー	クシー
o	オ・ミークロン	オミクロン
π	ピー	パイ
ρ	ロー	ロー
σ	シーグマ	シグマ
τ	タウ	タウ
υ	ユー・プシロン	ウプシロン
ϕ	フィー	ファイ
χ	キー	カイ
ψ	プシー	プサイ
ω	オー・メガ	オメガ

※日本ではギリシャ読みと英語読みがまざって使われ、なまって慣用されている読み方もあります。

冬の星座はとてもカラフルです。

星の色

　1等星を肉眼でじっくり見ると、いろいろな色で光っていることに気付きます。さらに双眼鏡や天体望遠鏡を使えばその違いがよくわかります。

　星の色の違いは、星の表面温度の違いを表わしています。高温の星は10000度（K）くらいで青白く見え、低温の星は3000度くらいで、赤っぽく見えます。

　恒星で一番明るいおおいぬ座のシリウスは青白く見え、表面温度は10000度です。ぎょしゃ座のカペラの表面温度は5800度で黄色に見えます。また、太陽は6000度なので黄色みを帯びた色です。おうし座のアルデバランは3800度でオレンジ色に、さそり座のアンタレスは3200度で赤色です。

　星の明るさと、表面温度で恒星を分類して表わしたものが、HR（ヘルツシュルブルング・ラッセル）図です。

● HR図

図の左上から右下へななめの列に並ぶのが「主系列星」とよばれる星の仲間に属します。星の一生は、この主系列星で一生の9割を過ごし、終わりが近づくと、赤色巨星になり、やがて惑星状星雲になったり超新星爆発を起こし、白色矮星や中性子星などになって死を迎えます。

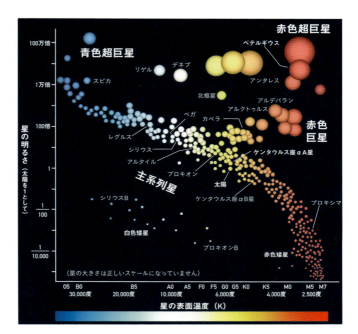

1等星リスト

明るさの順位	1等星名	バイエル記号	星座	距離(光年)	実視等級
1	シリウス	α CMa	おおいぬ	8.6	-1.5
2	カノープス	α Car	りゅうこつ	300	-0.7
3	ケンタウルスα	α Cea	ケンタウルス	4.3	-0.3 d
4	アルクトゥルス	α Boo	うしかい	37	-0.0
5	ベガ	α Lyr	こと	25	0.0
6	カペラ	α Aur	ぎょしゃ	43	0.1 d
7	リゲル	β Ori	オリオン	863	0.1
8	ベテルギウス	α Ori	オリオン	497	0.4 v
9	プロキオン	α CMi	こいぬ	11.5	0.4
10	アケルナル	α Eri	エリダヌス	140	0.5
11	ケンタウルスβ	β Cen	ケンタウルス	392	0.6
12	アルタイル	α Aql	わし	17	0.8
13	アルデバラン	α Tau	おうし	67	0.8
14	みなみじゅうじα	α Cru	みなみじゅうじ	324	0.8 d
15	スピカ	α Vir	おとめ	250	1.0
16	アンタレス	α Sco	さそり	553	1.0 v
17	ポルックス	β Gem	ふたご	34	1.1
18	フォーマルハウト	α PsA α	みなみのうお	25	1.2
19	デネブ	α Cyg α	はくちょう	1424	1.3
20	みなみじゅうじβ	β Cru	みなみじゅうじ	279	1.3
21	レグルス	α Leo	しし	79	1.3

全天にある1等星を明るい順に並べた表です。このうち実視等級でdの記号が付いているものは二重星としての合成等級で、vは明るさを変える変光星の最大等級です。

1等星写真リスト

全天にある1等星を明るい順に並べてみました。p.25の表と合わせて明るさと色の違いを見くらべるとよいでしょう。

● カノープス

α Car　　りゅうこつ座

● シリウス

α CMa　　おおいぬ座

● ケンタウルス α

α Cen　　ケンタウルス座

● アルクトゥルス

α Boo　　うしかい座

● ベガ

α Lyr　　こと座

● カペラ

α Aur　　ぎょしゃ座

● リゲル

β Ori　　オリオン座

● ベテルギウス

α Ori　　オリオン座

● プロキオン

α CMi　　こいぬ座

星座の観測

星座の観測を始めるとき、まずその場所での東西南北の方角を調べます。北の方角は、北極星や方位磁石、スマートフォンのアプリを使います。また、星が真南にくる時刻を南中（正中）といい、このときが、その星が天球で一番高い位置で見えています。

星と星の間隔や地平線からの高度をいい表わすときには、すべて角度です。天体観測をするとき、自分の立っている場所から見上げた天体の位置は、高度と方位角を使います。高度は地平線から頭上の天頂までを90°、方位角は天体の場合は南から西まわりに、南を0°、西を90°、北を180°、東を270°そして1周して南が360°（0°）と測ります。

同じように天体の大きさを、見かけの大きさをいい表わす場合には、見かけの直径、視直径などと、角度で表わします。たとえば月の見かけの大きさをおよそ、0.5°、または30′といいます。

また、星にも「星の地図」があって、住所を示す「番地」のようなものがあります。地上の位置を「緯度、経度」で示すように、星の位置は「赤経（せっけい）」「赤緯（せきい）」で示します。これは、地球上での経度、緯度をそのまま空の天球に伸ばして投影したものです。北極や南極、そして赤道もそれぞれ、星空の天球上では「天の北極」「天の南極」「天の赤道」とよんでいます。ただし経度の基準となる経度0°は、うお座にある春分点を原点に、東回りに1周を約24時間に分けています。

北極星を見つけよう

　天体観測で星空を眺めるときに、最初に確認しておきたいことは「天の北極」つまり北極星を見つけることです。ポラリスとも呼称されている北極星は2等星で、こぐま座のしっぽの星で輝いています。比較的明るい星なので、市街地でも慣れればすぐに見つけることができます。北極星は一年中真北に見えているので、北の方角を把握するのに役立ちます。

　一番よく知られている探し方は北斗七星からたどる方法ですが、北極星を挟んで反対側のカシオペヤ座からたどることもでき、ほぼ一年を通してどちらか側から探し出せるようになっています。北斗七星から見つける場合は、α星とβ星を結んで、その間隔を5倍伸ばした先にあります。カシオペヤ座の場合は、β星とα星を結んで伸ばした線と、ε星とδ星を結んで伸ばして線の交点とγ星を結び、その長さを5倍します。

　このほかにも夏の大三角を、ベガとデネブを結んだ線を下にしてぱたんと倒した頂あたりに北極星が見つかるようになっています。なお、私が台長を務める福島県の星の村天文台では、大きな鍾乳石に太いドリルで穴をあけ、そこから北極星が見られるようにしてあります。

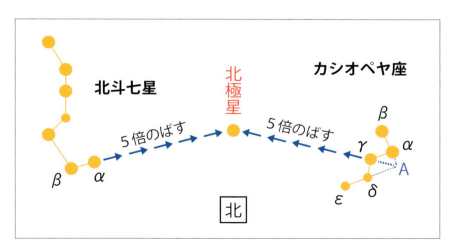

北斗七星とカシオペヤ座を使った北極星の見つけかた。

現代星座の誕生

　さて、いま現在の世界共通の星座は88個あります。この88星座はいつ誕生したのでしょうか？

　その昔は日本でも独自の星座がありました。中国やヨーロッパなどでもさまざまにありました。それらがあまり

にも乱雑になっていたので、1930年に世界の天文学者が集まった国際天文連合（IAU）が88星座に制定したのです。

　このときに赤経、赤緯に沿って境界線も決められています。ただし、星図などで見かける星ぼしをつなぐ星座線や星座絵はこの場では決めなかったそうです。

星座一覧表

星座名			学名	赤経	赤緯	20時南中	肉眼星数
アンドロメダ			Andromeda (And)	00h46m	+37°	11月27日	54
いっかくじゅう		（一角獣）	Monoceros (Mon)	07h01m	+1°	3月3日	36
いて	*	（射手）	Sagittarius (Sgr)	19h03m	−29°	9月2日	65
いるか		（海豚）	Delphinus (Del)	20h39m	+12°	9月26日	11
インディアン	☆		Indus (Ind)	21h55m	−60°	10月7日	13
うお	*	（魚）	Pisces (Psc)	00h26m	+13°	11月22日	50
うさぎ		（兎）	Lepus (Lep)	05h31m	+19°	2月6日	28
うしかい		（牛飼）	Bootes (Boo)	14h40m	−31°	6月26日	53
うみへび		（海蛇）	Hydra (Hya)	11h33m	−14°	4月25日	71
エリダヌス			Eridanus (Eri)	03h15m	−29°	1月14日	79
おうし	*	（牡牛）	Tauru (Tau)	04h39m	−16°	1月24日	98
おおいぬ		（大犬）	Canis Major (CMa)	06h47m	−22°	2月26日	56
おおかみ		（狼）	Lupus (Lup)	15h09m	−43°	7月3日	50
おおぐま		（大熊）	Ursa Major (UMa)	11h16m	+51°	5月3日	71
おとめ	*	（乙女）	Virgo (Vir)	13h21m	−4°	6月7日	58
おひつじ	*	（牡羊）	Aries (Ari)	02h35m	+21°	12月25日	28
オリオン			Orion (Ori)	05h32m	+6°	2月5日	77
がか		（画架）	Pictor (Pic)	05h41m	−54°	2月8日	15
カシオペヤ			Cassiopeia (Cas)	01h16m	+62°	12月2日	51
かじき		（旗魚）	Dorado (Dor)	05h14m	−60°	1月31日	15
かに	*	（蟹）	Cancer (Cnc)	08h36m	+20°	3月26日	23
かみのけ		（髪）	Coma Berenices (Com)	12h45m	+24°	5月28日	23
カメレオン	★		Chamaeleon (Cha)	10h40m	−79°	4月28日	13
からす		（烏）	Corvus (Crv)	12h24m	−18°	5月23日	11
かんむり		（冠）	Corona Borealis (CrB)	15h48m	+33°	7月13日	22
きょしちょう	☆	（巨嘴鳥）	Tucana (Tuc)	23h43m	−67°	11月13日	15
ぎょしゃ		（馭者）	Auriga (Aur)	06h01m	+42°	2月15日	47
きりん		（麒麟）	Camelopardalis (Cam)	08h48m	+69°	2月10日	45
くじゃく	☆	（孔雀）	Pavo (Pav)	19h33m	−66°	9月5日	28
くじら		（鯨）	Cetus (Cet)	01h38m	−8°	12月13日	58
ケフェウス			Cepheus (Cep)	02h15m	+70°	10月17日	57
ケンタウルス			Centaurus (Cen)	13h01m	−48°	6月7日	101
けんびきょう		（顕微鏡）	Microscoum (Mic)	20h55m	−37°	9月30日	15
こいぬ		（小犬）	Canis Minor (CMi)	07h36m	+7°	3月11日	13
こうま		（小馬）	Equuleus (Equ)	21h08m	+8°	10月5日	5
こぎつね		（小狐）	Vulpecula (Vul)	20h12m	+24°	9月20日	29

30

星座名		学名	赤経	赤緯	20時南中	肉眼星数
こぐま	（小熊）	Ursa Minor (UMi)	15h40m	+78°	7月13日	18
こじし	（小獅子）	Leo Minor (LMi)	10h11m	+33°	4月22日	15
コップ		Crater (Crt)	11h21m	−15°	5月8日	11
こと	（琴）	Lyra (Lyr)	18h49m	+37°	8月29日	26
コンパス	☆	Circinus (Cir)	14h30m	−62°	6月30日	10
さいだん	（祭壇）	Ara (Ara)	17h18m	−57°	8月5日	19
さそり	＊（蠍）	Scorpius (Sco)	16h49m	−27°	7月23日	62
さんかく	（三角）	Triangulum (Tri)	02h08m	+31°	12月17日	12
しし	＊（獅子）	Leo (Leo)	10h37m	+14°	4月25日	52
じょうぎ	☆（定規）	Norma (Nor)	15h58m	−51°	7月18日	14
たて	（楯）	Scutum (Sct)	18h37m	−10°	8月25日	9
ちょうこくぐ	☆（彫刻具）	Caelum (Cae)	04h40m	−38°	1月29日	4
ちょうこくしつ	（彫刻室）	Sculptor (Scl)	00h24m	−33°	11月25日	15
つる	（鶴）	Grus (Gru)	22h25m	−47°	10月22日	24
テーブルさん	★（テーブル山）	Mensa (Men)	05h28m	−78°	2月10日	8
てんびん	＊（天秤）	Libra (Lib)	15h08m	−15°	7月6日	35
とかげ	（蜥蜴）	lacerta (Lac)	22h25m	+46°	10月24日	23
とけい	（時計）	Horologium (Hor)	03h15m	−54°	1月6日	10
とびうお	☆（飛魚）	Volans (Vol)	07h48m	−70°	3月13日	14
とも	（船尾）	Puppis (Pup)	07h14m	−31°	3月13日	93
はえ	☆（蝿）	Musca (Mus)	12h31m	−70°	5月26日	19
はくちょう	（白鳥）	Cygnus (Cyg)	20h34m	+45°	9月25日	79
はちぶんぎ	★（八分儀）	Octans (Oct)	21h00m	−83°	10月2日	17
はと	（鳩）	Columba (Col)	05h45m	−35°	2月10日	24
ふうちょう	★（風鳥）	Apus (Aps)	16h01m	−75°	7月18日	10
ふたご	（双子）	Gemini (Gem)	07h01m	+23°	3月3日	47
ペガスス		Pegasus (Peg)	22h39m	+19°	10月25日	57
へび（頭部）	（蛇）	Serpens (Ser)	15h35m	+8°	7月12日	25
へび（尾部）	（蛇）	Serpens (Ser)	18h00m	−5°	8月17日	10
へびつかい	（蛇遺）	Ophiuchus (Oph)	17h20m	−8°	8月5日	55
ヘルクレス		Hercules (Her)	17h21m	+28°	8月5日	85
ペルセウス		Perseus (Per)	03h06m	+45°	1月6日	65
ほ	☆（帆）	Vela (Vel)	09h43m	−47°	4月10日	76
ぼうえんきょう	（望遠鏡）	Telescopium (Tel)	19h16m	−51°	9月2日	17
ほうおう	☆（鳳凰）	Phoenix (phe)	00h54m	−49°	12月2日	27
ポンプ		Antila (Ant)	10h14m	−32°	4月17日	9
みずがめ	＊（水瓶）	Aquarius (Aqr)	22h15m	−11°	10月22日	56
みずへび	☆（水蛇）	Hydrus (Hyi)	02h16m	−70°	12月27日	14
みなみじゅうじ	（南十字）	Crux (Cru)	12h24m	−60°	5月23日	20
みなみのうお	（南魚）	Piscis Austrinus (PsA)	22h14m	−31°	10月17日	15
みなみのかんむり	（南冠）	Corona Australis (CrA)	18h35m	−42°	8月25日	21
みなみのさんかく	（南三角）	Triangulum Australe (TrA)	15h59m	−65°	7月13日	12
や	（矢）	Sagitta (Sge)	19h37m	+19°	9月12日	8
やぎ	＊（山羊）	Capricornus (Cap)	21h00m	−18°	9月30日	31
やまねこ	（山猫）	Lynx (Lyn)	07h56m	+47°	3月16日	31
らしんばん	（羅針盤）	Pyxis (Pyx)	08h56m	−27°	3月21日	12
りゅう	（竜）	Draco (Dra)	15h09m	+67°	8月2日	79
りゅうこつ	☆（竜骨）	Carina (Car)	08h40m	−63°	3月28日	77
りょうけん	（猟犬）	Canes Venatici (CVn)	13h04m	+41°	6月2日	15
レチクル	☆	Reticulum (Ret)	03h54m	−60°	1月14日	11
ろ	（炉）	Fornax (For)	02h46m	−32°	12月23日	12
ろくぶんぎ	（六分儀）	Sextans (Sex)	10h14m	−2°	4月20日	5
わし	（鷲）	Aquila (Aql)	19h37m	−4°	9月10日	47

※マークは黄道12星座、☆マークは沖縄付近で一部見ることができる南天の星座、★マークは日本ではまったく見えない天の南極付近の星座です。肉眼星数
は、夜空の暗く澄んだ星がきれいに見える場所で見ることのできる5.5等以上の明るい星の数を示してあります。市街地では夜空が明るいため、見える星の数
がこれよりずっと少なくなってしまいます。

星のものさし

　大ざっぱに星と星の間隔（角度）を測るのに、手や指の間隔を覚えておくと何かと便利です。また淡い彗星などの存在を教えるときにも「あそこ！」といってもなかなか伝わりません。こんなとき「ベガから10度ほど東側ですよ」といえば、じゃんけんをするときの「グー」が約10度ですから、空に向けて腕をいっぱいに伸ばし、グーの親指部分にベガを当てて計れば、すぐに彗星が見つかるはずです。

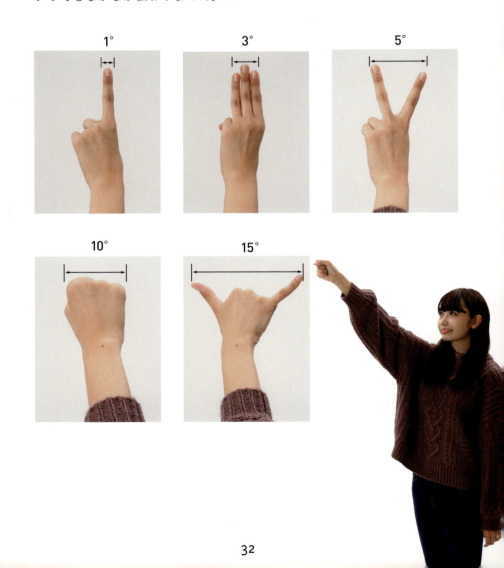

春の星座

　春の星座は、冬の星座ほど派手さはないものの、望遠鏡で観察する対象がたくさんあります。星座の形でわかりやすいのはしし座でしょう。「？（はてな）」マークを裏返した部分が頭部です。ほぼ頭上に近いところにある北斗七星の尻尾から弓なりにカーブを描き、うしかい座のアルクトゥルスを通って、おとめ座のスピカも経由して、終着点はこじんまりと台形を描くカラス座です。これが「春の大曲線」となります。また、あまり明るくな星で構成されている長いうみへび座もつらつらと探し出してみてください。

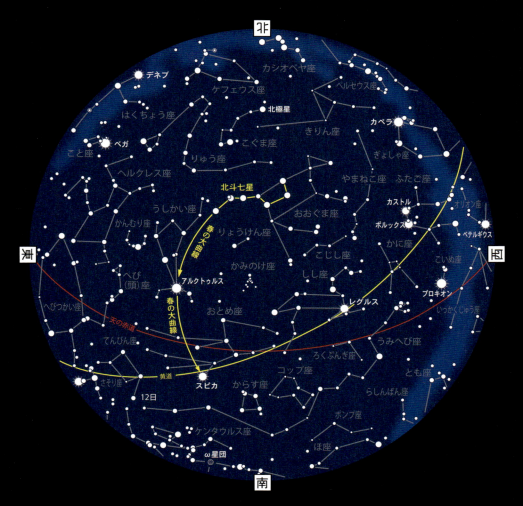

33

夏の星座

　夏は蚊に刺されない限り、一番楽に観測できる時期です。しかし夜の時間が少ないのが残念です。さて、天の川が探索できるように、まずは「夏の大三角」を探し出しましょう。七夕伝説でも毎回取り上げられるメジャーな並びです。また、はくちょう座のデネブを起点とする十字架のような星の並びは、南十字星と対応して「北十字」と呼称されています。夏の大三角を南に向かうと、さそり座といて座にたどりつきます。月明かりがない日に郊外で観察すると、天の川の濃淡まで見ることができるでしょう。

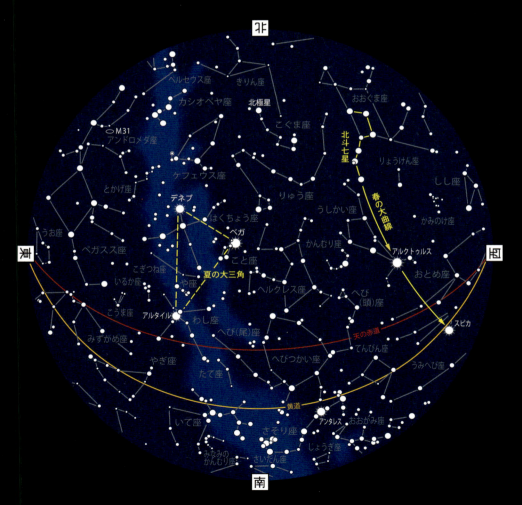

秋の星座

　それぞれの季節の星座の中に、明るい星ぼしをたどって描く大曲線や大三角があります。秋にはペガスス座（ペガサス座でもOK）がすぐ隣のアンドロメダ座のα星を借りて「秋の四辺形」（ペガススの大四辺形）を作っています。ほとんどがペガスス座の領域です。ここより南側に見える目立った星といえば、南側にかなり離れた南のうお座のフォーマルハウトでしょう。

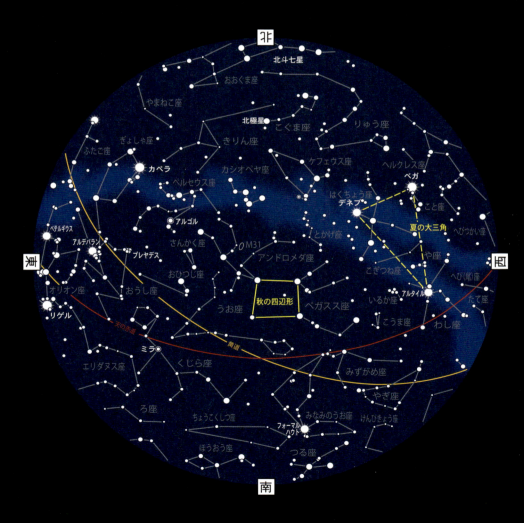

冬の星座

　全天で一番にぎやかだと称され、ほかの星座を威圧するように明るい星ぼしがたくさんあるのが冬の星座です。「冬の大三角」は整った形の正三角形です。また、オリオン座の左足リゲルからスタートして1等星であるシリウス、プロキオン、ポルックス、カペラ、アルデバランでリゲルまでもどると「冬のダイヤモンド」になります。また、長寿星といわれ、シリウスに次いで全天で2番目に明るいりゅうこつ座のカノープスが1〜3月くらいには日本でも関東以南で見られます。あやかるように一度はご覧ください。

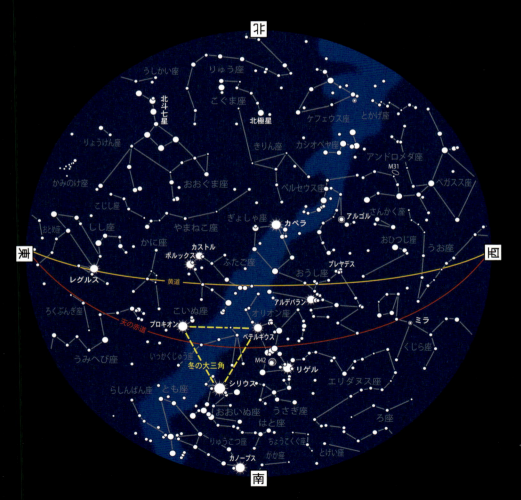

36

第 3 章

月 の 観 測

月の観測

月の満ち欠け

　私たちの地球に一番近い天体であるお月さま。これまでに源氏物語や枕草子などの物語や歌にも描かれ、画家はその挿絵に月を描いてきました。また舞台や演劇の国定忠治には、背景に三日月がつきものです。古くから親しまれてきた月の満ち欠けは、私たちの生活にも深く関わってきました。

　月は、自分で光っているのではなく、地上の風景と同じように太陽の光を受けて光っています。昼の風景の一部を切り取って夜空に掲げたと考えてもいいかもしれません。

　月は新月から次の新月までの間、地球をほぼ29.5日かけて一回りしていることによって、さまざまな欠け方になります。これを月の満ち欠けといいます。右ページの図のような光の当たり方と欠け方になりますが、わかりにくければテーブルの上にペットボトルの蓋やボールを置いて、右手からライトを当ててみるとわかりやすいと思います。

月の遠近

　地球から月までの距離は、平均で38万4400Km、光のスピードで約1.3秒です。大きさは地球の4分の1になります。

　月は、地球の周りをまん丸ではなく少々ずれて公転していることによって、見かけ上、大きめになったり小さめになったりします。満月時に地球に一番近いときがスーパームーンであるなど、近年は話題になっていますね。なお、地球の109倍の大きさを持つ太陽は、約1億5000万km離れています。この月と太陽を見くらべると、なんとほぼ同じ大きさに見えます。この月が太陽に重なって起こるのが日食です。ぴったり重なるとき、月が遠くにあると月が小さく見えて周りにリング状に太陽がはみ出して見える金環日食となり、近くにあるときは月が大きく見えるので太陽をすっぽりと覆い隠す皆既日食となります。

● 月の満ち欠けのしくみ

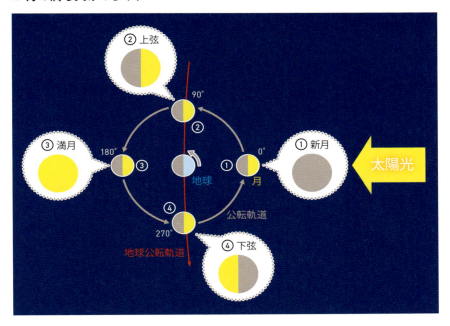

COLUMN
月のスケッチをしてみよう

　月の観測の一つとして、天体望遠鏡で見た月面のスケッチをしてみることをおすすめします。全面を描くのはたいへんですから、印象深い部分をアップしてスケッチしてみましょう。輪郭だけや山脈沿いの小さなクレーターを描いてもよいです。実際に月を見て描く前に、まずは写真を見てスケッチしてみるのも手です。右はクラビウスクレーターのスケッチの一例です。輪郭を描いてから（上）、陰影を付けています（下）。

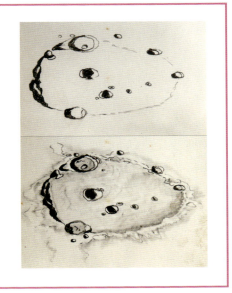

月の見える時刻と方位

　月は地球の自転により、星と同じように日周運動していますが、これに加えて月の公転軌道に沿って動いています。その量は太陽に対して1日約12°で、西から東に向かって移動していきます。すなわち月の位置は太陽から1日約12°ずつ東側へ離れていくことになり、これを月の出の時間に当てはめると1日あたり平均約50分ずつ遅れていきます。

　新月後の細い月は日没後の西の空低く見えたあとすぐ沈み、上弦の月は日没後に南の空に見え、夜半ごろ西に沈みます。満月は日没ごろ東の空に昇り、日の出ごろに西に沈みます。下弦の月は夜半ごろ東の空から昇り、日の出ごろに南の空に見えます。新月前の細い月は日の出前に東の空低く見え、日の出が近付くにつれ太陽の光により明るくなった空の中で見えなくなってしまいます。

　月の朔望や月齢など月の暦（こよみ）を知るには、その年の月齢や天文現象が記された天文現象を紹介する『天文年鑑』や、月刊の天文雑誌などを参照するのがよいでしょう。Webサイトで検索したり、スマートフォン用の天文アプリなどを利用する方法もあります。

月の地形

　双眼鏡や天体望遠鏡で月をのぞいて見ると、海やクレーター、山脈などさまざまな月の地形を見ることができます。

　月の地形でもっとも目立つのは、肉眼でもわかる表面の暗い部分です。これは海とよばれる部分で、隕石の衝突などによって溶岩が噴出してできた平原です。対して明るい部分は陸地（高地）とよばれ、数多くのクレーターで覆われています。望遠鏡で観察すると表面を覆う数多くのクレーターのほかにも山脈や山塊、断崖や壁、溝や川のように蛇行する谷、入江、そしてリンクルリッジとよばれるしわ状尾根など複雑な地形が数多く見られます。

　月を見るには満月がよいと考えがちですが、クレーターをはじめとする月面の地形は、太陽光が真上から当たる満月のときより、太陽光が斜光線となり地形に影ができる上弦や下弦ごろが見やすいのも覚えておきましょう。とくに明暗境界線にあたる月の欠け際は、ダイナミックな景観が楽しめるのでおすすめです。

● 時間帯による空で見える月とその位置

宵のうちの空

深夜の空

明け方の空

● 月面図

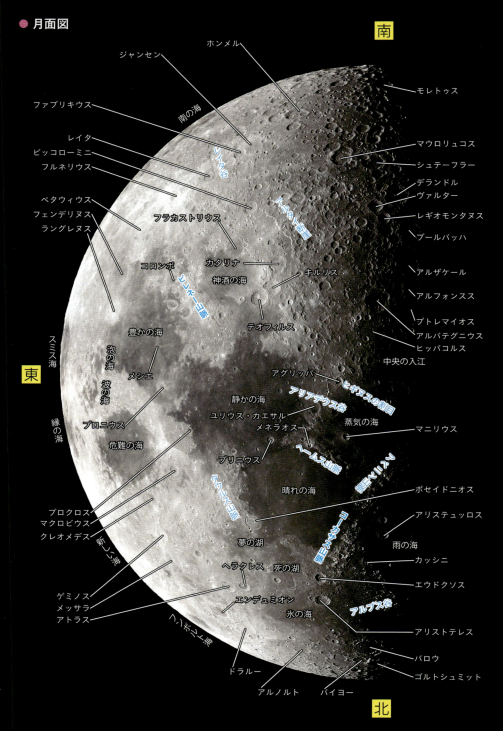

42

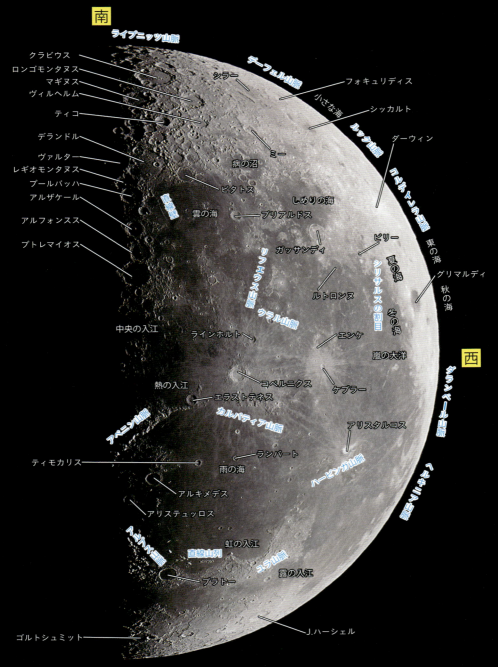

月面図は天体望遠鏡でのぞいたときに見やすいように、天地逆になっています。

月齢3（三日月）

　新月後、月の姿を目にするのはおそらくこの三日月からでしょう。二日月までは太陽に近く、夕焼けが始まるころには西の空に低くなって、今にも沈まんばかりになっています。

　月齢は、新月から数えて何日目かを表わします。月齢3は新月から3日目ということです。新聞などに載っている月齢は、たいていの場合は正午（昼間）の月齢です。

　さて、三日月のときに見ていただきたいのは「地球照」という現象です。これは、太陽が地球を照らしている光が、月面の暗い（光が当たっていない）部分に反射してうっすらと浮かび上がって見えるものです。月が太くなるとその明るさに消されて見えなくなりますので、三日月など細い月のときにしか見られないものです。

　この地球照が、どのくらい月齢まで見えるかチャレンジしてみてもいいでしょう。その場合には肉眼でなく双眼鏡や天体望遠鏡で月の全面を見るようにします。また、カメラで露出オーバー気味に撮影すると、地球照をうまく写すことができます。

● 地球照

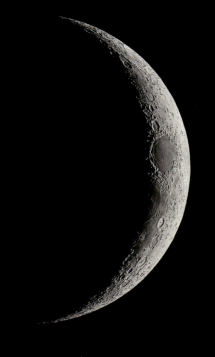

月齢5

　月齢5でも、天体望遠鏡を使って明るい部分を視野から外せば、地球照の暗い部分がうっすらと見えるはずです。この月齢で目立って見えるのは「危機の海」で、一段と黒さが濃いところです。この海は満月のころでもよく見えます。

　月はいつも同じ面を地球へ向けてはいますが、少々首を振るように動くので、縁の部分を入れて月面の59％が見えます。それによって、危機の海は縁ぎりぎりになってしまう場合があります。月面のほぼ中央にあり、危機の海のほぼ倍の大きさの「豊かの海」も見どころです。月齢5はいろんなクレーターが見やすくなる月齢です。

　月の欠け際には「月面の夜明け」のという表現もあります。この夜明けの近辺の南側の山岳地帯の見もののクレーターとして、直径125kmのホンメル、そしてクレーターを2つほど飛び越えたところに大きなヤンセン（直径190km）があります。このあたりは山並みに沿って、クレーターがいくつもあり、興味深い場所です。

月齢8（上弦のころ）

　上弦という名前は、弓と弦（つる）の形からきています。月の丸いところが弓で、欠け際の一直線が弦の部分です。この姿のまま西の空に沈むとき、一直線の弦が上になるので「上弦」といいます。一方、明け方に見える反対の半月の場合は、弦から沈んでいくので「下弦」という言葉になります。

　上弦のころの月は太陽が南中した真昼に東から出ることになるので、午後になってから東の空に半月が昇ってくることに気付くことでしょう。そして日没を迎えたころには、威風堂々と南の高い位置に輝いています。

　このころの月齢は、クレーターもたっぷり見えます。海の部分はウサギの頭と耳の形がはっきりとわかるようになってきます。一直線のところに黒っぽく見えるのは「雨の海」の一部で胴体の部分。その右側に2つ黒い海があります。左が「晴れの海」で右は「静かの海」、この2つが頭かな。そして垂れ下がったような耳の部分があります。左が「神酒の海」、右は「豊かの海」です。

月齢１０

　この月は楕円形に感じる状態です。岩石の衝突によって四方に飛び散ったティコクレーターの白い筋状の噴出物は、遠く離れた晴れの海も超えています。1500kmもの長さです。すり鉢状になっており、直径は約86km、深さは4.8kmもあります。底の場所からは富士山よりも高い山並みが見られるはずです。周りのクレーター群が形成された後にできた、比較的若いものですが、1億8000万年前にできたものです。

　注目していただきたいのが「虹の入り江」です。半月状のクレーターで、雨の海が形成されたときの溶岩で半分埋まっている状態です。直径は236kmにおよびます。月面の端の方に見えるので楕円形のように見えますが、実際にはまん丸を半分にした感じです。

　そして、アルプス山脈沿いにプラトーと直径83kmのアルキメデスクレーターを通過し、望遠鏡の視野をその先の白い放射状に持っていってください。その中心部には王様の品格のコペルニクスクレーターがあります。直径は93kmで深さは富士山ほど、ほぼ同心円状です。

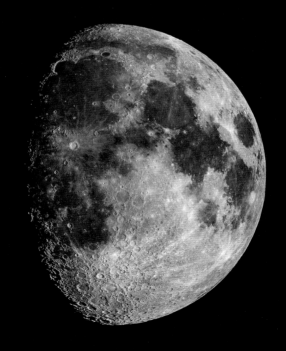

月齢15（満月のころ）

　満ちたお月さまの海の部分は、肉眼でも黒い模様として見えます。日本ではウサギの姿といわれることがほとんどですが、国によってカニやワニなど、模様の見立て方が違います。興味のある方はぜひ調べてみてください。

　満月は真正面から太陽光線が当たってクレーターの山々の影が出ないため、平坦に見えます。

　近年話題にあがる「スーパームーン」は天文学用語ではありませんが、満月時に月が大きく見える日を指すようです。お気付きのように、月は大きく見えたり小さく見えたりします。もともと月は地球の周りを公転していますが、楕円形の軌道を描いているうえ、自転軸の部分が地球の中心にないので、必然的に遠近の差が出てくるのです。

　その月の大きさの大小の差は2割ほどもあります。試しに、満月が一番遠い日と近い日を調べて同じ倍率で撮影して、画像を並べて見くらべてください。月の大きさの違いがよくわかるはずです。

月齢19

満月を過ぎると、海の周りの山脈がよく見えるようになります。とくに「神酒の海」周辺をご覧ください。また、満月を過ぎると太陽からの光の当たり方が逆になるので、クレーターを満月前後に撮影し、見くらべてみましょう。満月を過ぎると欠け際は「月面の夕刻」の部分です。この部分のクレーターには間もなく日が当たらなくなり、しばらくは闇夜の地域となります。

月面の左側半分はほとんどが海の黒っぽい地形で覆われているので、見どころがないのではないかと感じてしまいますが、そんなことはありません。コペルニクスやティコクレーターはそこから放出した白い筋も一段と美しく見えます。3個並んだクレーター、テオフィルス（100km）、キルリス（98km）、カタリナ（100km）にも望遠鏡を向けてみましょう。

南側の山岳地帯、ティコの周辺にあるクレーター群も見ごろです。「静かの海」にはアポロ11号の着陸地点があります。

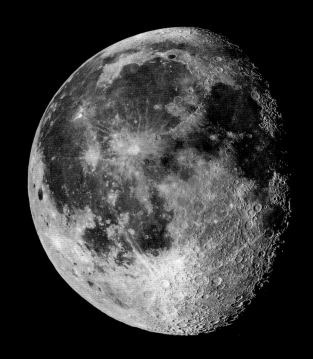

月齢22(下弦のころ)

　下弦のころの月は、真夜中に出て夜明けに南中します。つまり深夜から明け方にかけての時間帯が観測好機となるので、観測は眠気との戦いです。

　下弦の月は、月齢8の項目で説明したように、昇ってくるときは弦が上になっています。望遠鏡を向けてみると、その弦沿いにクレーターと山脈がくっきり並んで見えます。

　「雨の海」周囲の山脈や中央部から南側の欠け際のクレーター群が、なんといっても目を引きます。とくにクラビウスが人気ナンバーワンです。このクレーターは月面最大級で、直径は225kmもあります。全体が古くないのか、山々もしっかりしています。

　月齢19で説明した三兄弟のテオフィルス(100km)、キルリス(98km)、カタリナ(100km)は半分が沈みかかっています。また、そのすぐそばの110kmある「直線の壁」も探し出してみてください。

　コペルニクスは真円に近く、また衝突痕が四方に白く噴き出している、とても美しいクレーターです。

月齢25

　三日月のほぼ逆の形です。三日月と同様に地球照が目立っています。

　真っ白いひげのような渓谷を携えたアリスタルコスが、月の首振り運動によって見え隠れするぎりぎりの地点にあります。この真っ白に輝くクレーターの直径は約40kmです。過去に幾度か発光現象があって注目を浴びたこともある、多くの天文ファンが大好きなクレーターです。

　また、すぐ隣の35kmの大きさのヘロドトスクレーターからはひげのような谷が伸びています。この谷は「シュレーター谷」といい、うねりくねっていますが全長160kmもあります。この近辺一円は月齢によって大きく様相を替えます。どのクレーターでもそうですが、右側と左側からの光線の当たり具合でクレーターの山並みの影の出具合が違うためです。このクレーターは「嵐の大洋」の平原に独峰的に存在しているため目立ちますから、このクレーターが見える限り、毎日望遠鏡でのぞいてみたり、撮影することをおすすめします。

月食の観測

　太陽、地球、月が一直線に並んだとき、月が地球の影に入り込むことで月が欠けて見えます。これが月食です。3つの天体が、ほぼ一直線に並んで地球の影に完全に月が入り込むと、皆既月食になります。皆既月食では大気を通過した夕焼け状態の光が影の中心部まで到達するので、月面はほんのわずかに赤っぽく見えます。

　また、月の軌道が少しそれて部分的に欠けて通過するときは、部分月食となります。なお、月の本影の周りにある半影だけがかかる半影月食もありますが、ほんの少し暗くなるくらいなので、わかりにくいものです。

　月食の観測でむずかしいのは、食の始まりと終わりがわかりにくいことです。日食の場合は食の始まりと終わりは容易にわかりますが、月食の始まりと終わりの時刻を見定めるのには、慣れが必要です。月食では、地球大気があるため本影の縁がぼんやりしていることがその理由で、いつ月食が始まったのかよくわからないことも多いです。

　月は西から東へ地球の影を通り抜けるので、月は必ず東側から欠け始めます。ただし欠けてくる方向は予報で知っておく必要があります。

　食の進行具合を確かめるには、月面の山やクレーターが地球の影に入っていく時刻を測ることでわかります。

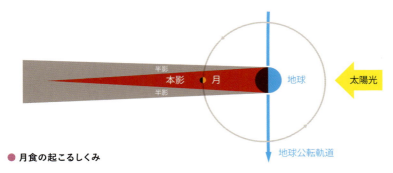

● **月食の起こるしくみ**

太陽に照らされた地球の影が、月の全体や一部にかかる現象です。本影のかかる部分月食と皆既月食のほかに、半影のみがかかる半影月食があります。写真に撮影すると本影に近い部分が暗くなっていることがわかります。

部分月食の様子。月の満ち欠けとは違う、ぼんやりとした欠け際に注目してください。

部分月食の観測

　ふだん月を見慣れている人であれば、部分食のときの月の欠け具合には、何かしら違和感を覚えることでしょう。

　ふだんの月の満ち欠けでは欠け際ははっきりしていますが、月食のときの月の欠け際はぼんやりしています。これは月食の場合、地球の影が地球の大気を通過した光のために拡散されてしまい、ぼんやり見えているからです。

　また、影の部分も部分食の場合は、本影に入っている部分があまり黒くはならず赤みを帯びた感じで見えていて、全体的にはっきり見えていないこともその理由です。この月の暗部の赤みは、双眼鏡で見るとよくわかるでしょう。また、欠け際はやや青みがかって見えます。これは大気中の上部のオゾン層で青い光が通過するためです。

　部分月食は、月の北側か南側が欠けるだけで、月全体が地球の影に覆われることはなく、月食は終わります。

　なお、月食の始まりと終わりには必ず半影月食がありますが、半影の影はとても薄く、肉眼ではわかりにくいです。写真に撮ると本影に近い部分が暗くなっていることがわかります。くなっていることがわかります。

皆既月食の観測

欠けてきた月が皆既食になり、月の本来の明るさを失ったとき、地球の夕焼けのような赤っぽい光が月面に到達して赤銅色に染まります。皆既月食を何回か観測してみると、皆既月食ごとに、皆既中の月の明るさが毎回違うことに気付くかもしれません。

フランスの天文学者のダンジョンは、このことに注目して、皆既月食の明るさの目安を決めました。これは「ダンジョンのスケール」といわれていますが、月の明るさを以下のように、0〜4の5段階に分けています。

0：非常に暗く、ほとんど月は見えない。月食の中心ではほとんど何も見えない。

1：暗い月食で、灰色か褐色がかり、細かい部分は見分けにくい。

2：月面は赤く暗いか、茶褐色を帯びている。しばしば影の中心に黒い斑点がある。外側は充分明るい。

3：レンガ色で明るい。影は充分に明るい灰色か、または黄色い帯で区切られる。

4：銅色、またはオレンジ色で赤っぽく、非常に明るい。月食の外側はたいへん明るく青みがかっている。

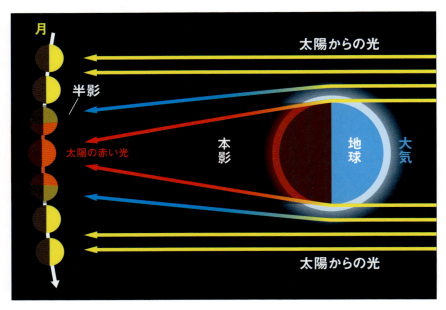

● **皆既月食が赤く見える理由**　皆既月食が赤銅色に見えるのは、地球大気を通り抜けた太陽光線が地球の影の中に屈折して入り込むためです。

皆既月食で赤銅色に染まった月は幻想的です。皆既食中の月の色を調べることも、皆既月食の観測の魅力の一つです。

地球の影の中を横切る満月。地球の影の動きに合わせ望遠鏡を動かして皆既月食の進行を撮影すると、地球の影を通過する月の様子と、地球の影の様子がわかります。

星食と接食の観測

　月が星を隠して、星が見えなくなる現象を「星食」または「掩蔽」といいます。また、月が惑星を隠す現象を「惑星食」といいます。そして、星食にならず、月の北か南を星がかすめて通る場合は「接食」といいます。

　星食では、満月を境に星の隠され方に違いが生じ、その見え方に影響をおよぼします。満月前には月の暗い側から月に潜入して、月の明るい側から出現するのが見えるので、潜入は観測しやすく、地球照が見えているころの月齢が、とくに観測しやすくなります。

　逆に満月後は、明るい側から星が潜入して、暗い側から星が出現します。明るい側から星が潜入する場合は、月がまぶしく、観測が少しむずかしくなります。

　星食は見る場所によって、潜入や出現の位置や時刻などかなり違います。観測する場所での予報はあらかじめ調べておきます。星食観測では、食が起きた正確な時間の測定が必要で、GPS時計のような正確な時計が必要です。

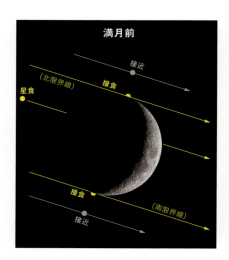

●満月前の星食の見え方

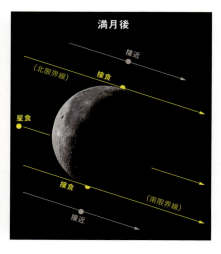

●満月後の星食の見え方

星食の予報

星の潜入や出現の位置を示す数値の意味は図のようになります。天頂方向角は、天頂からの角度を、北極方向角は天の北極からの角度を表わし、星がどの方向から月に潜入するのかの目安になります

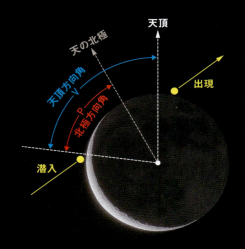

● 土星食

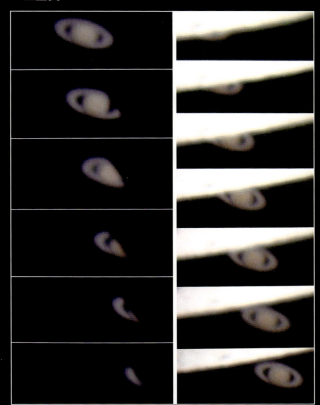

● ヒヤデス星団の食

● 金星食

第 4 章

太陽の観測

太陽の観測

いろいろな太陽の姿

　天体望遠鏡で太陽を見ると、黒いシミのようなものが見えます。このシミのように見えるのが黒点です。

　太陽表面の温度は6000度ですが、約2000度温度が低い部分が相対的に黒に見えます。それが黒点です。黒点は毎日大きさや形、そして現われたり消えたりを繰り返し、同じ形を幾日も保つことはありません。

　黒点は、太陽の活動が活発なときはたくさん見えますが、活動が弱まっているときは、まったくないこともよくあります。

　太陽の光球の縁や黒点群の周りに周囲より少し明るい不規則な模様が白斑です。白斑は光球の周辺減光よりも減光が鈍いため、周辺付近で周りよりも強く光って見えています。

　さらに光球面をよく見ると、ほとんど全面に、小さな無数の米粒上の斑点が見られます。これが粒状斑です。

　太陽の縁の外に、炎のような形をして噴出しているのがプロミネンス（紅炎）です。プロミネンスはふつうの光の中では見られないため、特殊なフィルターを使って観測します。

太陽投影板に太陽像を投影する方法は、安全な観測方法です。

太陽黒点の観測

　黒点の観測には、太陽投影板を使った投影法による観測と、天体望遠鏡で直接太陽を見る直視法があります。投影法は望遠鏡に接眼レンズを取り付け、投影版に太陽の像を写して、投影された太陽像を間接的に見る方法です。

　直視法は、直接太陽をのぞく観測方向で、正しい手順を踏まないと、目を痛める危険があります。そのため強烈な熱と赤外線を遮断する太陽観察用減光フィルターが必要ですので、観測ビギナーの人にはおすすめできません。太陽観測専用の望遠鏡を使うか、公共天文台に設置された太陽観測用の望遠鏡で太陽像を見るようにしましょう。

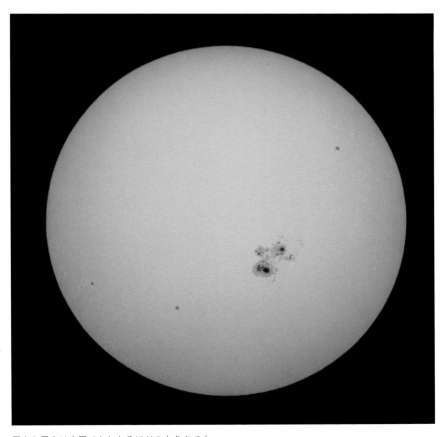

巨大な黒点は肉眼でもわかるほどの大きさです。

黒点の増減の周期は11年として知られていますが、スイスの天文学者、ウォルフによって考案された、太陽全面に現われる黒点により太陽活動を表わす指標「黒点相対数」をもとにしています。

　黒点相対数Rは、観測した太陽面でのg個の黒点群と全部でf個の黒点があったとすると、黒点相対数は以下の式で求めることができます。

　　$R = k(10g + f)$

kは、観測方法や観測者、観測地でのシーイングなどを考慮した補正係数で、仮にk＝1で計算します。係数kの値は、国際的に発表される黒点相対数と、自分の観測結果の1年分ぐらいを比較して算出します。

黒点の見えかた

　黒く見える黒点を拡大してみると真っ黒な暗部の周りに半暗部という薄めの部分の二重構造をしているものもあります。大きめの黒点に半暗部があるときには、単に薄いのではなく放射状に細い筋が出ているような様子がうかがえます。またグループ的なものも出現します。

　黒点群の分類図では、図の左側が太陽面上の西で、右側が東です。黒点が移動しながら変化する様子もわかります。

黒点群の分類

　黒点相対数は、黒点群の見分け方が重要で、小黒点が連なるときや太陽の縁で見分けがむずかしい場合があります。黒点群はいろいろな形に変化していきますので、じっくりその変化を追いましょう。

A型：単独の微小黒点かその少数の集まりで半暗部はなし

B型：半暗部のない小黒点の集まりで東西に並ぶ

C型：東西に並ぶ黒点群で、主黒点は

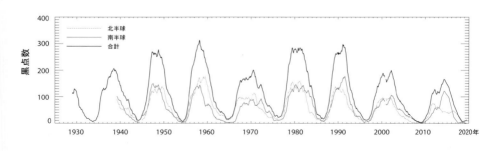

黒点相対数の変化。およそ11年周期で黒点数が増減しているのがわかります。

半暗部がある

D型：東西に並び、前後二つの主黒点はどちらも半暗部があり、片方の黒点の集まりは単純な形。東西の広がりは経度で10°

E型：東西に並ぶ大きな黒点群で、半暗部のある2つの主黒点の構造は複雑。東西の広がりは約10°

F型：東西の広がりが15°以上にもなる大型の複雑な構造を持つ群

G型：東西に並ぶ大黒点ながら、小黒点が散在しないもの。東西10°以上

H型：半暗部を持つ単独黒点。その周りにいくつかの小黒点。直径は2.5°以上

J型：直径が2.5°より小さく、半暗部を持つ単独の黒点。円形のものが多い

黒点群の分類

黒点を
スケッチしよう

　太陽表面の投影法の観測は、太陽投影板を天体望遠鏡に取り付けて行ないます。接眼レンズから出る光を白いスクリーンに投影して観測します。スケッチはこのスクリーンに白い紙を置いて、黒点の位置や大きさ、形状、そのときの様子などを記入します。

　たいていの場合、投影板上の太陽像の直径が10〜15cmぐらいになるようにしますが、私は、厚手の上質紙にあらかじめ直径10cmの円を描いたものをスケッチ用紙として使っています。鉛筆は、きめ細かい粒子の鉛筆がよく、濃さは使っている紙に滑らかになじむHBです。ぼかしたいときには、綿棒などを使っています。

　そのスケッチ用紙の円と太陽像をピッタリ重ね合わせたら、スケッチの開始です。黒点はできるだけ正確に形を描いていきます。その中に暗部の周りに半暗部があった場合は、薄めに描いてもよいのでしょう。輪郭だけを描く手法の人も最近は多いです。観測の最後に黒点数をまとめるときに、黒点の分類表を参考に群れをなしているものなどの判断をします。

　また、スケッチの最後に天体望遠鏡を固定して、太陽像が動いていく方向を調べます。あるいは、黒点を描いたときに、時間を少々おいて黒点で太陽の移動方向を複数回、印を付けておくのもよいでしょう。この移動方向が西になり、太陽の東西南北がわかります。

太陽観測専用の天体望遠鏡を使えば、投影法でなくても、安全に太陽をのぞくことができます。

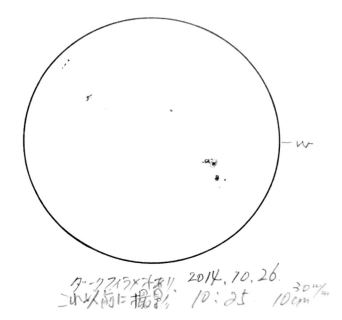

2014年10月26日の太陽スケッチ

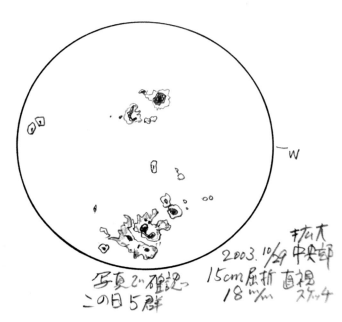

2003年10月29日の太陽スケッチ

プロミネンスの観測

太陽の観測では、これまで紹介したような白色光での観察は約4000Å〜7000Åの波長で太陽の光球面を見ています。プロミネンスは、Hα線という6562.8Åの光を発していて、プロミネンスや彩層現象を観察するためにHα線という光だけを通すフィルターを装着した太陽観測専用望遠鏡を使って観測を行ないます。

Hα線では、太陽の縁でプロミネンス、光球面で彩層現象を観測しますが、太陽の縁の外に、炎のような形をして噴出しているのがプロミネンス（紅炎）です。太陽の縁にプロミネンスが出ている場合には、縁から飛び出したようにアーチ状に見えたりタワー型に見えたりとその姿はまちまちです。

彩層では、スピキュール、ダークフィラメント、プラージュ、フレアーなどの現象が観測できます。

太陽専用のHα望遠鏡は太陽表面とプロミネンスを観測できます。

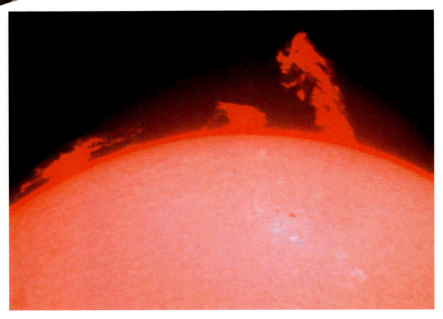

Hα線で見ると、プロミネンスが見られます。巨大なプロミネンスは迫力があります。

惑星の太陽面通過

内惑星である水星と金星は、太陽と地球の間に軌道があり、それぞれ内合をむかえます。

水星が内合のとき、太陽の前を通過するのが水星の太陽面通過です。日本では2006年11月9日に起こりました。水星の大きさは小さく、太陽の1/150です。太陽黒点が表面のあちこちにあり、紛れてしまうのではないかという大きさですが、水星は小さな黒々とした点ではっきり黒点と区別が付きます。

次回、日本で水星の太陽面通過が見られるのは2032年11月13日です。このときは、水星が太陽面上を通過している状態のまま日の入となります。

一方、金星の太陽面通過は、金星が内合になるとき太陽の前を通過する現象です。金星の太陽面通過は、近年では2004年6月8日と2012年6月6日に起こりました。

金星は水星にくらべるとはるかに大きく見え、太陽の直径の1/33で、真っ黒な金星がゆっくりと進行していく姿が観測できます。

金星の太陽面通過は、水星の太陽面通過が起こる頻度とくらべると非常に少なく、次回の金星の太陽面通過が起こるのは、2117年12月11日のことになります。

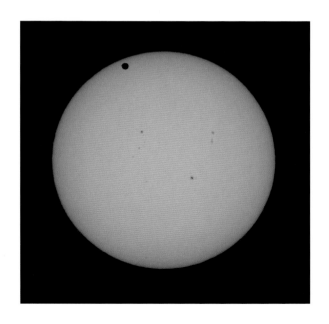

20012年6月6日の金星の太陽面通過

日食の観測

日食とは

日食は、太陽と月と地球が一直線に並ぶときに起きる現象です。2009年の皆既日食や2012年の金環日食は、日本でも大きな話題になったので、覚えている方も多いでしょう。

日食が起こるのは必ず新月のときです。日食は、この新月が太陽と地球の間に入り込み、太陽に部分的に、またはぴったり重なって、太陽が欠けて見える現象です。太陽に月が重なって完全に隠され、黒い太陽の周りに白いコロナが取り巻いて見えるものが皆既日食。完全に重なりますが、月の見た目の大きさが太陽より小さいために、月の周りに太陽がはみ出してリング状に見えるものが金環日食。太陽の一部分に月が重なって太陽が欠けたように見えるものが部分日食です。

部分日食は比較的起こりやすく、住んでいる場所に居ながらにして、数年に一度は見られるものです。一方、皆既日食や金環日食は、ごく限られた場所とタイミングでしか見られません。次に日本で見られるのは、皆既日食は2035年、金環日食は2030年です。しかし海外に視野を広げれば、皆既日食や金環日食は毎年のように起こっています。海外旅行先で見られるようなときは、ぜひ観測にチャレンジしてみてください。

日食は、月食と並んでたいへん魅力的な天文イベントの一つです。安全に充分気を付けて、欠けていく太陽の姿を観測しましょう。

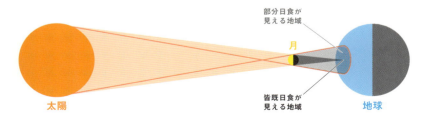

● **日食の起こるしくみ**

太陽・月・地球が一直線に並び、月の影がかかった場所で日食が見られます。図からわかるように、皆既日食や金環日食が見られる地域は地球上のごくわずかです。部分日食は比較的広範囲で見られます。

● 皆既日食

太陽が月に完全に重なって隠され、黒い太陽の周りに真っ白なコロナが広がって見えます。ごく限られた地域とタイミングで見られます。

● 金環日食

月が太陽に完全に重なりますが、月の見かけの大きさが太陽より小さいため、月の周りに太陽がはみ出してリング状に見える日食です。

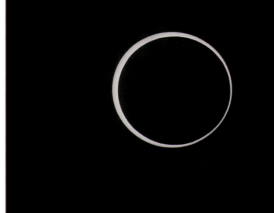

● 部分日食

月が太陽の一部分だけを隠すため、一部分だけが欠けて見える日食です。皆既日食や金環日食の過程でも、同じように欠けた形が見られます。

いろいろな太陽観測

日食の観測は、基本的には太陽観測と同じように、減光に充分注意して行なうことが大切です。とくに天体望遠鏡や双眼鏡で太陽を見ることは絶対にしてはいけません。

注意したいのは、雲を通して欠けた状態の太陽が見えるときです。雲を通して減光はされますが、熱線や赤外線は通してしまうので、肉眼で直接部分日食を見ることはとても危険です。

日食の観測方法で一番手軽なのは、日食メガネのような減光フィルター越しに肉眼で観測することでしょう。ただし、減光されていても長時間連続では見ないように気を付けてください。日食メガネを外して直接見ていいのは、皆既の瞬間だけです。なお、日食メガネをかけて双眼鏡や望遠鏡を見ることは絶対にやめてください。

また、ピンホールカメラの原理を使った、ピンホール像による観察方法も手軽です。紙などにあけた小さな丸い穴を通った光は、太陽の欠けた形に映ります。木漏れ日も同様です。

天体望遠鏡に取り付けた太陽投影板を使った観測も、安全で同時に多くの人が見ることができるのでおすすめです。

太陽観測専用の天体望遠鏡もあります。ただし、使用する際は取り扱いに慣れた方のもとで、くれぐれも安全に観測するようにしてください。

欠けていく太陽像や、皆既日食のコロナの様子などは、カメラで撮影したりスケッチしたりしてぜひ記録に残しましょう。

カメラを使った観測では、カメラレンズや天体望遠鏡の筒先に減光フィル

日食メガネを使った太陽観測

太陽投影板を使った太陽観測

ターを取り付けて撮影します。なお、皆既食中は、フィルターを取り外しての撮影になります。

　動画撮影もおすすめです。拡大撮影もいいですが、日食風景を広角でとらえておくと、明るさの変化など臨場感あふれる映像が残せます。

屈折望遠鏡の対物レンズの前に減光フィルターを装着。

皆既食のときは、唯一減光フィルターを用いずに肉眼で観測することができます。

2013年、ウガンダで見られた皆既日食の様子。

第 5 章

惑星・小惑星・流星・彗星の観測

水星の観測

太陽にもっとも近い内惑星・水星

　私たちの太陽系の惑星のうち、地球より内側の軌道を公転しているものを「内惑星」とよんでいます。そして太陽系でもっとも太陽に近い軌道を公転しているのが、太陽系の第1惑星の水星です。

　水星の太陽からの平均距離は、地球と太陽の平均距離を1としたときのおよそ0.39（これを天文単位とよびます）にあたる5791万kmと太陽に近く、地球から見た水星は太陽から最大でも28.3°しか離れて見えません。

　このため、水星は日出前、日没後の地平線近くでしか見ることができません。明るさは最大−2.4等級まで明るくなりますが、薄明の残る空で地平線近くにしか見えないため、見つけるのがむずかしい惑星です。

　大きさは地球の約38%、赤道半径2440kmと、太陽系最小の地球型（岩石）惑星です。大気は希薄で、その表面はクレーターに覆われており、平均表面温度は179℃と灼熱の惑星です。

水星は約88日の周期で公転しています。一方、自転周期は58.65日です。つまり太陽を2回公転する間に3回自転することになり、水星の1日は176日にもなるのです。

観測のしかた

　内惑星が太陽からもっとも離れた位置になることを「最大離角」といいます。水星を見つけるためには、この時期をねらうのがよいでしょう。

　最大離角は2つあって、宵のうち西の空で地平高度が上がり見やすくなるのが東方最大離角。そして明け方の東の空で地平高度が上がり見やすくなるのが西方最大離角です。

　月や明るい惑星に水星が見かけ上接近するときも、水星を見つけるチャンスです。天文シミュレーションアプリや天文雑誌、天文の暦などが載っている『天文年鑑』などでチェックしておきましょう。

　最大離角を挟んで数週間の間、毎

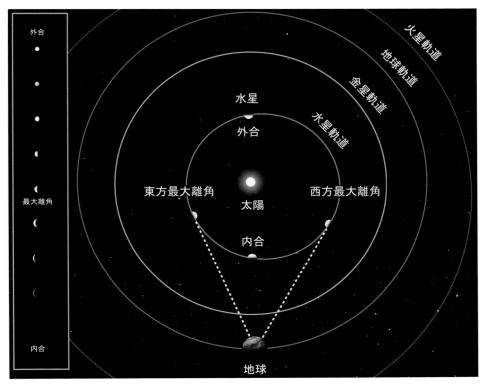

水星の公転軌道と地球から見た水星の見えかた

日、日の入りの時間や日の出の時間に写真を撮影したり、水星が見える位置や地平線高度を観測して記録したりすると、水星の動きがよくわかります。

望遠鏡を使って水星を観測すると、その満ち欠けの様子がよくわかります。水星の見かけの大きさは5″〜12″と小さいので表面の模様などはわかりませんが、大口径望遠鏡で気流条件のよいときには濃淡模様が見られることもあります。

水星に満ち欠けが見られるのは、水

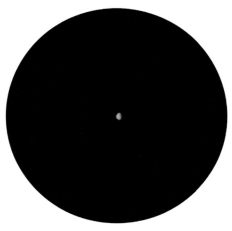

望遠鏡で見た最大離角ころの水星

星が地球の内側を公転する内惑星だからです。p.75上図のように地球-水星-太陽と並ぶ内合となったとき、水星の輝面率はほぼ0となり、新月同様見ることはできません。逆に地球-太陽-水星と並ぶ外合となったときは、輝面率は1となり、満月のように見えます。ただし太陽に近くなるため、その輝きに邪魔されて実際に見ることはできません。水星が見やすい最大離角のころには、水星は半月状に欠けた姿が見られます。

地球-水星-太陽とほぼ一直線に並ぶ内合となったとき、まれに水星が太陽面を経過する水星日面経過が起こることがあります。このとき水星は太陽光球面を通過する黒小円として観察できます。最近では2006年11月08日に水星日面通過が見られました。次回、日本で見られるのは2032年11月13日となります。観測方法はp.67をごらんください。

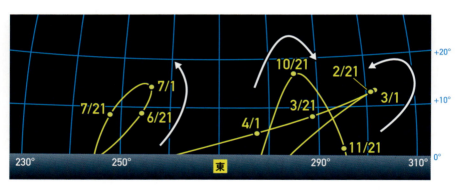

日出時の水星の方位と高度の例

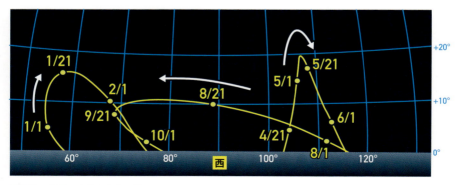

日没時の水星の方位と高度の例

日没後の西の空低く輝く月と水星

金星の観測

もっとも明るく輝く明星・金星

　私たちの地球のすぐ内側の軌道を公転しているのが、太陽系の第2惑星、金星です。

　太陽からの平均距離は1億821万km（0.72天文単位）。224.7日で太陽を公転している内惑星です。赤道半径は地球の約95％にあたる6052kmで、これは地球（岩石）型惑星で地球に次ぐ2番目の大きさとなります。

　金星の自転周期は243.0日と長く、地球とは逆方向に自転しています。つまり金星では太陽が西から昇って東に沈むのです。自転が逆方向になっているのは、金星の形成過程で巨大天体と衝突したためではないかと考えられています。自転方向が逆方向なのは、太陽系惑星では金星と天王星だけです。

　金星の大きな特徴の一つは、二酸化炭素を主成分とする濃厚な大気を持っていることです。地表での大気圧は90気圧にもなり、その温室効果から平均表面温度は462℃という灼熱の世界となっています。金星全体を覆う硫酸の滴を含む二酸化硫黄の雲は晴れることはなく、上層雲では東から西へ350km/hもの強風が吹いています。これは自転よりも速く、4日で金星を一周することからスーパーローテーションとよばれ、金星大気現象の大きな謎の一つとなっています。

観測のしかた

　金星は水星と同様、地球の内側を公転する内惑星です。このため日出前、日没後の限られた時間にしか見ることができません。ただし水星と違って太陽との離隔が最大で47°にまでなるため、最大離角ごろには日出前、日没後に3時間程度観察することができます。観測好機となるのはこのような最大離角のころで、明け方の東の空で高度が上がり見やすくなる西方最大離角ごろと、宵のうち西の空で高度が上がり見やすくなる東方最大離角ごろが観測に適しています。金星の平均極大等級は−4.7等と、太陽系惑星の中でもっと

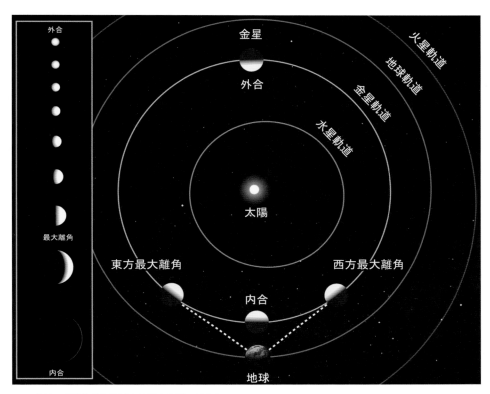

金星の公転軌道と地球から見た金星の見え方

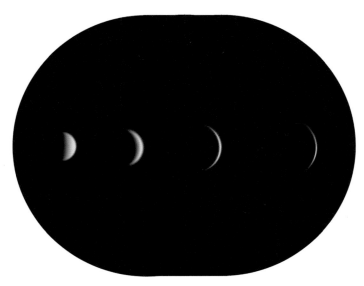

天体望遠鏡(倍率200倍)で見た金星の満ち欠け

も明るく輝き目立つ存在なので、肉眼で簡単に見つけることができるでしょう。最大等級となるころは、青空の中に肉眼で金星を見ることができるほどです。

宵のうち西の空に輝く金星は「宵の明星」、明け方の東の空に輝く金星は「明けの明星」とよばれており、古代から私たちの生活に身近な存在だった惑星です。

内合となる地球最接近時の平均的な視長径はおよそ60″にもなりますが、地球から遠く離れた外合時には10″ほどにしかならず、見かけの大きさが大

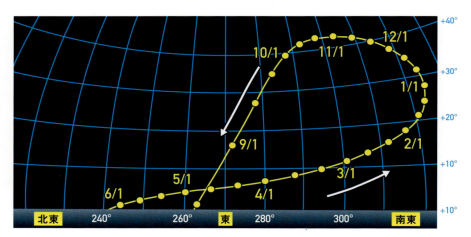

日出時の金星の方位と高度の例

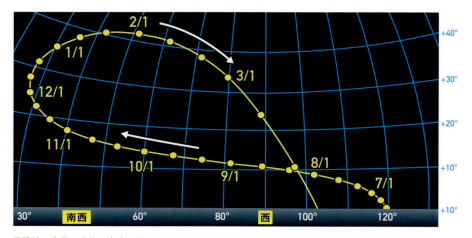

日没時の金星の方位と高度の例

きく変わります。小口径の望遠鏡でもその満ち欠けの様子がはっきり観察できます。大口径望遠鏡で気流条件の良いときには、上層大気に見られる濃淡模様が見られることがあります。

　金星に満ち欠けが見られるのは、金星が水星と同じく地球の内側を公転する内惑星だからです。p.79上図のように地球-金星-太陽と並ぶ内合となったとき、金星の輝面比はほぼ0となり、新月同様見ることはできません。逆に地球-太陽-金星と並ぶ外合となったとき輝面比は1となり、満月のように見えます。ただ太陽に近くなるため、その輝きに邪魔されて実際に見ることはできません。太陽と金星の離隔が最大となるのは太陽の東側と西側で2回起こり、それぞれ東方最大離角、西方最大離角とよびます。このとき金星は半月より少し欠けた姿で見えます。

　地球-金星-太陽とほぼ一直線に並ぶ内合となったとき、ごくまれに金星が太陽面を経過する金星日面経過が起こることがあります。このとき金星は太陽光球面を通過する黒円として観察できます。最近では2012年6月6日に金星日面経過が見られました。次回日本で見られるのは2117年12月11日となってしまいます。

日没後の西の空低く輝く月と金星

昼間の金星（内合のころ）

火星の観測

2年2ヵ月ごとに接近する火星

　火星は地球のすぐ外側を公転する外惑星で、太陽系の第4惑星です。太陽からの平均距離は2億2794万km（1.52天文単位）。687.0日で太陽を公転します。

　火星の赤道半径は地球の約53％にあたる3397kmで、これは地球（岩石）型惑星で3番目の大きさとなるものです。

　火星はおよそ2年2ヵ月ごとに地球に最接近し、そのころが観測好機となります。小口径の望遠鏡でも地表面を詳しく観測することができる、唯一の岩石型惑星です。

観測のしかた

　前述したように、火星はおよそ2年2ヵ月ごとに地球に最接近し、そのころが観測好機となります。

　火星の平均極大等級は−3.0等。地球最接近時の平均的な視長径は18″になります。しかし火星の公転軌道は離心率が0.093と、太陽系惑星の中で水

星に次ぎ2番目に大きく扁平した楕円軌道を公転しています。そのため、地球と最接近となった位置関係により、最接近時の距離が大きく異なります。6万年ぶりの超大接近と話題になった2003年8月27日の最接近時の距離は5576万km。最近では2018年7月31日の最接近時の距離は5759万kmでした。一方、2012年の最接近時の距離は1億78万kmと大きな差がありました。もちろん見かけの火星の大きさも25″〜14″ほどと大きく異なります。このようなことから、最接近時の距離によって大接近や中接近、小接近とよんで大まかに区別しています。大接近時は火星の表面模様を詳しく観測できるチャンスなのです。

火星の季節と極冠

　私たちの地球の赤道面は、公転軌道に対して23.4°ほど傾いています。日本のような中緯度地域で四季の移り変わりがあるのはこのためです。

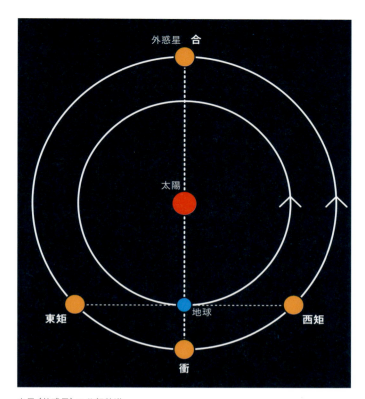

火星（外惑星）の公転軌道

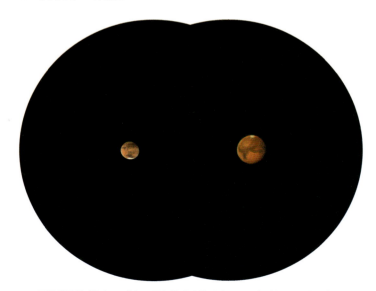

天体望遠鏡（倍率200倍）で見た地球最接近時の火星（小接近，大接近）

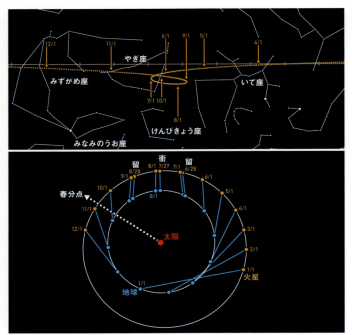

火星の星座中の動き
（順行、留、逆行）

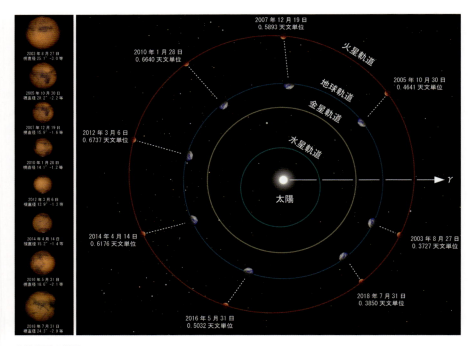

火星接近の様子

84

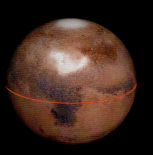
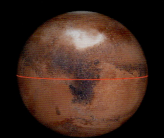
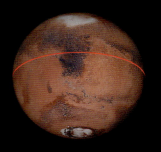

火星の季節

　この傾きを軌道面傾斜角といいますが、火星の軌道面傾斜角は25.2°ほどあり、火星でも地球と同じような季節変化が見られます。

　火星には南北の両極に水と二酸化炭素の氷からなる極冠があり、それぞれ北極冠、南極冠とよばれています。白く輝く極冠は小口径の望遠鏡でもはっきりと見ることができ、よい観測対象です。この極冠の大きさは火星の季節の変化とともに拡大縮小を繰り返しています。火星を観測したときにはその様子や変化に注目してみてください。

火星の気象現象

　火星は地球の大気圧のおよそ1％という希薄な大気を持っています。主成分は二酸化炭素で95％、ほかに窒素3％、アルゴン1.6％、そのほかにも酸素、一酸化炭素、水蒸気などを微量に含みます。地表面の平均温度は−46℃。最低温度は−87℃、最高温度は−5℃と、希薄な大気のため温度変化が大きくなっています。

　火星でもっとも特徴的な大気現象が

火星の大気現象

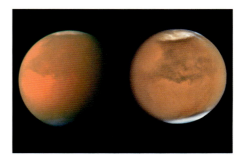

ダストストームが起こった火星

85

ダストストーム（砂嵐）です。火星全体を覆うような大規模なダストストームが発生すると、数ヵ月にわたり火星の表面模様が見られなくなることもあります。2018年7月の大接近時にも大規模ダストストームが起こりました。このような大規模ダストストームの発生プロセスやメカニズムは謎の部分も多く、詳しくわかっていません。

また火星面には白く見える霧や雲が発生したり、火星にある巨大な楯状火山に雲がかかり白く輝いて見えることもあります。火星の大気現象に注目して観測してみるのも興味深いでしょう。

火星の極冠

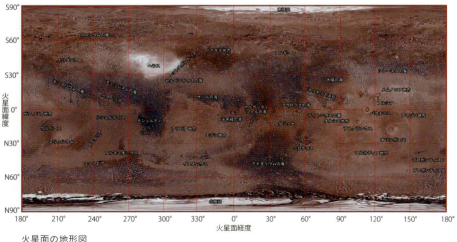

火星面の地形図

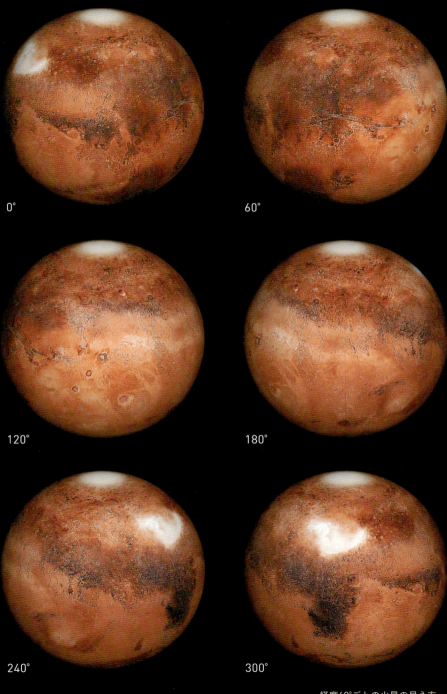

経度60°ごとの火星の見え方

木星の観測

太陽系最大のガス惑星・木星

　木星は太陽から5番目に近い公転軌道を持つ惑星で、太陽からの平均距離は7億7841万km（5.20天文単位）。11.86年かけて太陽を公転しています。赤道半径は7万1492kmと地球の約11.2倍の大きさを持ち、質量は地球の約317.8倍、体積は約1,300倍という、太陽系最大の惑星です。一方、平均密度は1.33g/cm^{2}と、太陽系惑星で土星、天王星に次ぐ小ささです。

　これは、木星は岩と氷でできたコア、金属水素、ヘリウムでできたマントルを持ち、その外側を水素90％、ヘリウム10％、メタン0.3％で構成される厚い大気で覆われた巨大ガス惑星だからです。仮に木星の質量が現在のおよそ50倍以上であったら恒星になっていただろうと考えられており、木星は恒星になり損ねた星ともいわれています。

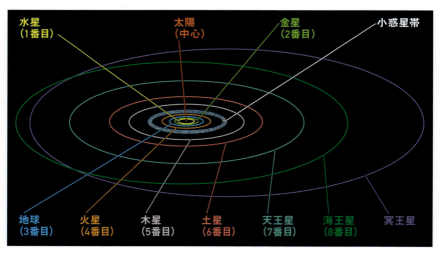

惑星の公転軌道

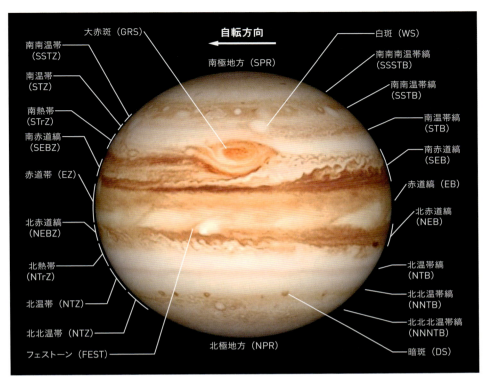

木星の模様と名称

天体望遠鏡(倍率200倍)で見た木星

木星の自転（10時間で一周）

観測のしかた

　木星を見てまず気が付くのは、赤道に平行な明るい帯（ゾーン）と暗い縞（ベルト）模様が幾つも見られることです。この中でも太い2本のベルト、南赤道縞（SEB）と北赤道縞（NEB）はよく目立ち、小口径望遠鏡でもはっきり見ることができます。南極地方（SPR）、北極地方（NPR）の両極付近の色が濃くなっている様子もすぐわかります。南赤道縞にある大きな薄茶色の斑点で目玉のような模様は大赤斑で、木星の大きな特徴となっています。これは地球が2つくらい入ってしまうほどの巨大な雲の渦だと考えられています。最近の大赤斑は縮小傾向にあるほか、淡化した状態が続いています。

　シーイングが良いときには、木星面の細かな表面模様が観測できます。数多くのゾーンやベルトのディテール、赤道帯（EZ）によく出現する紐状の暗模様、フェストーン（FEST）や白斑（WS）、暗斑（DS）にも注目してみてください。これらの模様は年月とともに発達、衰退を見せ、ときには太く濃いベルトに撹乱が起きて乱流のような複雑な渦模様を見せることもあります。ダイナミックな変化を見せてくれる木星を継続して観測してみてください。

　木星の赤道面の自転周期は約9時間56分と速く、これは太陽系惑星で最大です。このため、木星は自らの自転の影響で扁平な姿をしています。これは望遠鏡で見てはっきりわかります。また自転周期の速さは望遠鏡で見ていてわかるほどで、一晩中観測できる衝のころには一晩で木星の全周を観測することも可能です。約50分で30°もの速度で自転するので、1時間も眺めていればその自転の速さが実感できることでしょう。

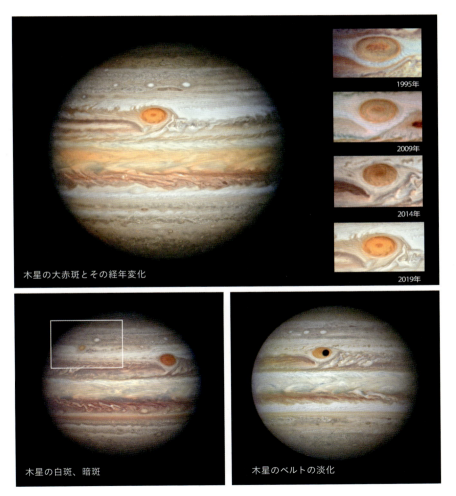

木星の大赤斑とその経年変化

1995年
2009年
2014年
2019年

木星の白斑、暗斑

木星のベルトの淡化

● 木星の衝突痕

1994年、シューメーカー・レビー第9彗星が21個に分裂。その後、次々に木星に衝突しました。

木星の衝突発光

COLUMN
惑星観測は動画撮影が主流に

　惑星を望遠鏡で高倍率をかけて観察すると、地球の大気の影響で像がボケたりゆらゆら動いて詳細な模様が見えないことがほとんどです。惑星の観測は大気の乱れが少ないシーイングの良い夜を選んで観測することが大切なのです。

　これまでの惑星の観測では好シーイングを待って、スケッチを描いたり、写真を撮ったりしていました。しかし観測したい日に好シーイングに恵まれるとは限りません。そこで最近の主流となっているのが動画撮影による惑星の観測です。

　一般的な動画は1秒あたり30枚の画像で構成されています。たとえば1分間撮影した動画には180枚の画像が含まれるといった具合です。この動画撮影した多数の画像から良い画像を複数枚選び出し、さらにそれを重ね合わせて平均化します。そして得られた画像を画像処理アプリで先鋭化することで、大気の乱れによりボケた惑星像をある程度はっきりと写し出すことができるのです。この手法をラッキーイメージング法やイメージスタッキング法とよんでいます。動画撮影はデジタルビデオカメラやデジタルカメラの動画撮影機能を使って行なえます。またRegiStaxなどパソコン用の処理ソフトもインターネットで公開されています。惑星の観測をより本格的にやってみたいという人はぜひ挑戦してみてください。

動画で撮影した惑星像（オリジナル）　　　　　先鋭化した惑星像

ガリレオ衛星の観測

　2019年10月現在、木星には79個と数多くの衛星が発見されていますが、その中でもイオ、エウロパ、ガニメデ、カリストの4個は非常に明るく、双眼鏡や小口径の望遠鏡でもはっきりと見ることができます。この4つの衛星は1600年にガリレオ・ガリレイが発見したもので、ガリレオ衛星や木星の4大衛星とよばれています。4つのガリレオ衛星が木星を公転する様子はまさにミニ太陽系ともよべるもので、これを観測したガリレオは地動説を確信したとされています。

　イオは地球以外で唯一活火山が観測されている衛星です。これは木星の巨大な潮汐力によるものだと考えられています。エウロパは氷に覆われた衛星でその内部には液体の海が存在し、生命が存在する可能性もあると考えられています。表面には幾筋もの引っ掻き傷のような割れ目が走っています。

ガリレオ衛星

ガリレオ衛星の木星面経過と影

ガニメデは太陽系惑星の衛星として最大の大きさを持っています。カリストは氷に覆われた衛星で、ガニメデ、ティタンに次いで太陽系の衛星中3番目の大きさを持っています。

　ガリレオ衛星が公転する過程で起こる食現象も見どころの一つです。衛星が木星面を通過する、木星面通過。衛星の影が木星面に投影される、衛星の影の木星面通過。衛星が木星の背後に隠れる掩蔽。衛星が木星の影に隠れる食です。ときには衛星が衛星を食したり、衛星の影が衛星を食するなどの衛星同士の食現象がおきることもあります。

名称	直径 (km)	軌道長半径 (万km)	公転周期 (日)	平均等級
第Ⅰ衛星 イオ	3630	42.2	1.769	5.0
第Ⅱ衛星 エウロパ	3128	67.1	3.551	5.3
第Ⅲ衛星 ガニメデ	5262	107.0	7.155	4.6
第Ⅳ衛星 カリスト	4800	188.3	16.689	5.6

ガリレオ衛星の予報図の例

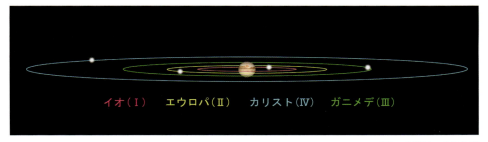

ガリレオ衛星の公転軌道

土星の観測

美しい環を持つガス惑星・土星

　土星は太陽から6番目に近い公転軌道を持つ惑星で、軌道長半径は14億2673万km（9.55天文単位）。29.53年かけて太陽を公転します。赤道半径は6万268kmと地球の約9.4倍の大きさを持ち、これは太陽系で2番目の大きさです。一方、平均密度は0.70g/cm^{2}と太陽系惑星でもっとも小さく、これは水よりも低い値です。土星は岩と氷でできたコア、金属水素、ヘリウムでできたマントルを持ち、その外側を水素96％、ヘリウム3％、メタン0.4％で構成される厚い大気で覆われた木星（ガス）型惑星です。

　土星のもっとも大きな特徴は、土星赤道半径の約8.0倍まで広がる太陽系惑星でもっとも大きな環を持っていることです。環を発見したのはガリレオ・ガリレイで、約400年も前のことでした。ガリレオはこのとき土星の環を「土星の耳」と表現しましたが、それを環と見破ったのはオランダのホイヘンスで、それから45年後のことでした。

観測のしかた

　土星を取り巻く美しい環は、小口径の望遠鏡でもはっきりと見ることができます。土星には12の環がありますが、とくに目立つのは明るいA,B,Cの3つの環と、A環とB環を大きく分けるカッシーニの空隙、A環にあるエンケの空隙です。A環の外縁は土星の赤道半径を1として2.27、距離に換算すると136,800kmにもなる巨大なもので、A環からC環までを合わせた幅は62,300kmにもなります。しかしその厚みは1km以下しかありません。反射能はB環が0.65ともっとも大きく明るく見えます。次いでA環が0.60、C環が0.25となっています。C環は土星本体が透けて見えるほど薄く、ちりめん環ともよばれています。A環とB環を分けるカッシーニの間隙は幅4,700kmもあり、小型の望遠鏡でもはっきりと見ることができます。条件の良いときには，この空隙から土星本体が透けて

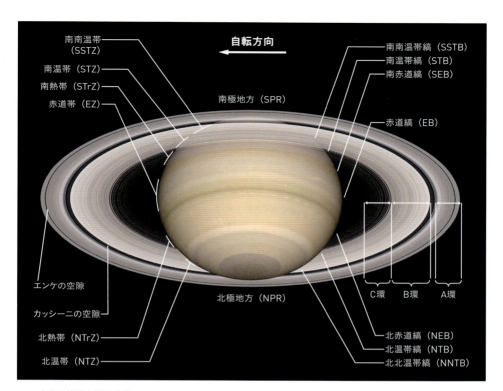

土星の模様と環の名称

天体望遠鏡（倍率200倍）で見た土星

土星環の消失

見えることがわかります。A環にあるエンケの空隙は安定したシーイング条件のもとなら口径20〜30cmの望遠鏡で認めることができるでしょう。中口径の望遠鏡を持っている人はぜひ挑戦してみてください。

　土星の環は年々見え方が変わります。これは地球の公転面と土星公転面が約2.5°傾斜していることと、土星の赤道面の対軌道面傾斜角度が約25°と大きく傾いているため、土星公転周期の半分である約15年の周期で見かけの環の傾きが変化します。地球から見た土星の赤道面の傾きは最大で約27°です（この値は天体暦などでは惑心緯度で表わされます）。このとき土星の環は、土星本体からはみ出すほど大きく開いた姿となります。逆に惑心緯度が0°のときは土星を赤道面から眺めることになり、糸のような細い環や、見かけ上土星の環が見えなくなる、土星環の消失が起こります。これは、土星環の厚みが1km以下と薄いためです。

　土星本体の模様にも注目してみましょう。木星のような活発で特徴的な模様はありませんが、淡い縞模様が多く見られます。薄暗い南極地方と比較的濃い南赤道縞は小さな望遠鏡でもよくわかることでしょう。また赤道帯には白斑、高緯度地帯には暗斑といった顕著な模様がまれに出現することもあるので、注意して観測してみてください。

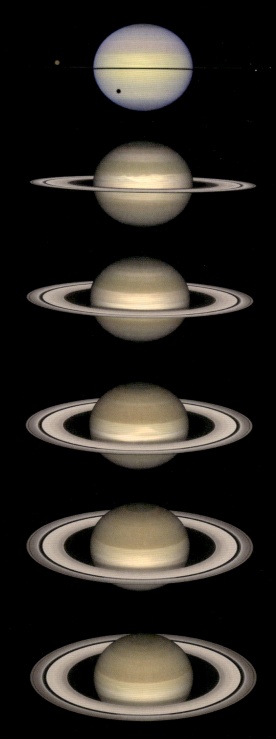

土星環の傾きの変化。土星の環の消失現象は約15年ごとに起こります。

土星の極地方の六角形模様

土星の環の衝効果（ハイリゲンシャイン効果）

土星の白斑，暗斑

土星の衛星の観測

2019年10月現在、土星には3個の不確定なものを含む82個の衛星が発見されています。その中でも、ミマス、エンケラドゥス、テティス、ディオネ、レア、タイタン、イアペトゥスの7個は明るく小口径の望遠鏡でも見ることができます。この中でも土星を代表する大型の衛星ティタンは見かけの平均等級が8.4等と明るく、双眼鏡でも楽に見つけることができます。ティタンは土星から122万kmのところをおよそ16日で公転しています。

土星の衛星

名称	直径(km)	軌道長半径(万km)	公転周期(日)	平均等級
第Ⅰ衛星ミマス	394	18.552	0.942	12.8
第Ⅱ衛星エンケラドゥス	502	23.802	1.370	11.8
第Ⅲ衛星テティス	1048	29.466	1.888	10.2
第Ⅳ衛星ディオネ	1118	37.740	2.737	10.4
第Ⅴ衛星レア	1528	52.704	4.518	9.6
第Ⅵ衛星ティタン	5150	122.185	15.943	8.4
第Ⅷ衛星イアペトゥス	1436	356.130	79.331	10.2

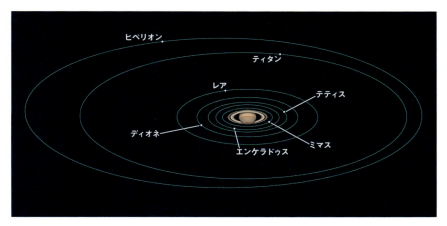

土星の衛星の公転軌道

天王星・海王星の観測

天王星とその観測

天王星は1781年3月13日、五大惑星以降、望遠鏡により発見された初めての惑星です。

太陽から7番目に近い公転軌道を持ち、軌道長半径は28億7099万km（19.22天文単位）。84.25年かけて太陽を公転します。赤道半径は2万5559kmと地球の約4.0倍の大きさを持ち、これは太陽系で3番目の大きさです。平均極大等級は5.3等で、空の条件の良いところでは肉眼で見ることもできます。視長径は1.95″と小さく、小口径の望遠鏡では表面模様は見えず、青緑色の円盤状に見えるだけです。

天王星は岩と氷でできたコア、水、アンモニア、メタンの氷でできたマントルを持ち、その外側を水素、ヘリウム、メタンの厚い大気が覆う巨大氷惑星です。天王星が青緑色に見えるのは、大気に含まれるメタンによって赤色光が吸収されるためです。自転軸は公転面に対して約98°と大きく傾き、横倒しの状態で公転しています。

海王星とその観測

天王星の発見後、天体力学により推算される公転軌道が観測値と合致しないことから、未知の惑星による摂動が原因ではないかと推論されるようになりました。そしてついに1846年9月23日、海王星は発見され、天体力学の理論的推算によって発見された初めての惑星となりました。

海王星は惑星の中で太陽からもっとも遠い公転軌道を持つ、太陽系8番目の惑星です。軌道長半径は44億9506万km（30.11天文単位）。165.23年かけて太陽を公転します。

赤道半径は2万4764kmと地球の約3.9倍の大きさを持ち、これは太陽系で4番目の大きさです。平均極大等級は7.8等で肉眼で見ることはできず、双眼鏡や望遠鏡が必要になります。視長径は2.30″と小さく、小型望遠鏡では表面模様は見えず、青緑色の円盤状に見えるだけです。

探査機がとらえた天王星

探査機がとらえた海王星

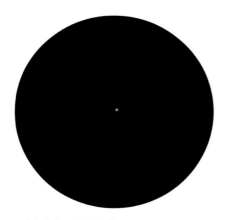
天体望遠鏡で見た天王星

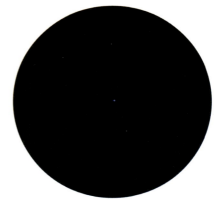
天体望遠鏡で見た海王星

天王星の動き

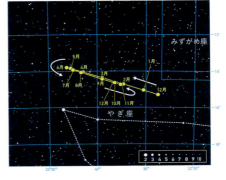
海王星の動き

小惑星の観測

　火星と木星の間には無数の小惑星が存在していますが、その小惑星の中で、とくに大きな4つの小惑星を四大小惑星とよんでいます。この四大小惑星はケレス、ジュノ、パラス、ベスタで、6〜8等ぐらいまで明るくなることがあります。

　ふつう小惑星は、"惑星"と名前に付いていますが、火星や木星などとは違って、小さな点像でしか見えません。ただし四大小惑星なら、双眼鏡や天体望遠鏡であれば見つけることができるので、小惑星の観測をこれから始めるときのよい練習になるでしょう。

　小惑星の観測には、大まかに位置観測と光度測定があります。光度測定では光度の変化を観測して光度曲線（ライトカーブ）を求めることで、小惑星の自転周期や反射率、組成などを調べることもできます。さらに専門的な観測では、小惑星による恒星食の観測があります。これは月が星を隠すように、

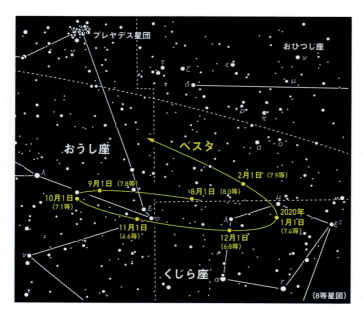

● **小惑星ベスタ**

ベスタは四大小惑星の中でもとくに明るく、もっとも明るくなるときには5等級の明るさになることもあるため、条件がそろえば眼視で見ることもできる小惑星です。

● 小惑星7592 Takinemachi（滝根町）

私が台長を勤める星の村天文台がある福島県滝根町の町名が小惑星の名前として命名されています。

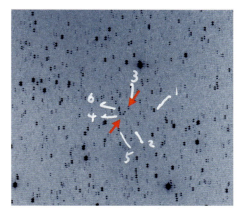

● 小惑星捜索での発見画像

この画像では、2回の撮影を行なっています。1回目の撮影後、しばらく時間を空けたあと、2回目の撮影を行ないます。2回目の撮影は、画角を1回目の撮影位置から意図的にずらしての2重露光です。意図的にずらした方向と違う方向にずれている天体があり、その位置に既知の天体がなければ、小惑星の可能性があります。正確な位置を測り、その後の追跡観測を進め、小惑星であることがわかれば、小惑星と認定されます。

小惑星が星を隠す現象です。恒星が見えなくなったり、減光したりする時刻を正確にとらえ、同時に複数の観測地で観測し、その観測結果を集約することで、小惑星の形状を調べることもできます。

COLUMN
小惑星探査機「はやぶさ2」

小惑星探査機「はやぶさ2」は、2018年6月27日に小惑星リュウグウに到達し、数多くの観測データを地球へ送るとともに、リュウグウへの2回のタッチダウンによる小惑星内部の物質採取にも成功しました。

「はやぶさ2」は2019年12月ごろ、小惑星リュウグウを離れ、地球に向かいます。その後、2020年年末に採取したサンプルとともに地球に帰還する予定です。そのサンプルを分析することで、太陽系の起源・進化の解明などが期待されています。

小惑星リュウグウ（提供：JAXA）

2019年7月11日 10:08:53（JST）に撮影された小惑星リュウグウの地表（提供：JAXA）

流星の観測

流星とは

　夜空の星を見ていたときに一瞬星が光り、流れていく流星。一般的になじみ深い言葉としては「流れ星」でしょう。流星は、宇宙空間に浮遊しているチリが地球の大気に突入することによって光る現象です。このチリの大元は、彗星の本体や尾に含まれる小さなチリです。流星には「散在流星」「流星

ふたご座流星群（撮影：及川聖彦）

群」「火球」などの種類があります。

　散在流星は、宇宙空間に散在しているチリが降ってきたものです。一方、流星群の流星は、彗星が通った道筋にばらまかれたチリの中や近傍を地球が通過したとき、地球に多く飛び込んできて見えるものです。群れ飛ぶように見えることから「流星群」といわれています。なお、2001年のしし座流星群のときには雨あられのように流星が降り注ぎ、「流星雨」とか「流星嵐」などと形容されました。

　流星とよばれるものには、火球も含まれます。定義はいろいろありますが、惑星よりも明るいもの、つまり金星の明るさを超えるものを「火球」とよんでいます。また「火球」については大元が小惑星です。このかけらが地球の大気に突入し激しく光り、場合によっては火花を散らして、爆発をして落下する様子が、防犯カメラやドライブレコーダーなどに偶然記録される場合があります。

　彗星がもたらす流星は大気で消滅してしまいますが、小惑星のかけらのような大きな流星は表面がわずかに燃えるだけで、ほとんどが地面に落下します。これは「隕石」とよばれ、研究者にとって貴重な試料となります。

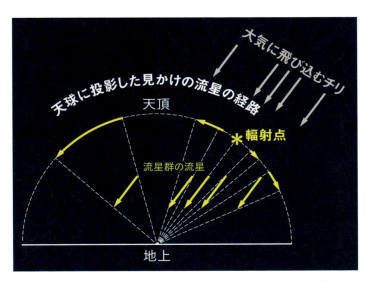

同じ流星群の流星は、同じ方向から平行に大気中に飛び込んできます。地上から見ていると、星空の1点"輻射点"から四方八方に飛び出してくるように見えます。

流星群とは

ふだんの天体観測中に流星が飛ぶのは、一晩中観測していたとして2〜5個ほど見えれば満足するものでしょう。しかし流星群の活動期間中のピーク時には、1時間あたり30個とか50個、場合によっては100個ほども見える場合があります。

流星群がいつ出現するかは、彗星の軌道が地球から見てどのあたりにあるかで決まります。また、もともとの彗星の大きさと彗星から発散するチリの量にもよりますが、彗星の通る道筋を道路にたとえてみると、高速道路や国道のように幅が広く行き交う車も多いものから、農道やあぜ道のように幅が狭いものまであります。大きい彗星の場合はチリの量が多く幅も広いものです。その幅の中間地点（中心部）にはより多くのチリがありますので、そこを地球が通過するときに、流星群は出現のピークを迎えます。

流星群の種類

地球から見て彗星の軌道がどの星座のあたりにあるかによって、その付近の星座名を取って流星群の名前が付いています。流星群の時期は、その星座から流星が放射状に飛び出すように見えます。その地点を「輻射点」または「放射点」とよんでいます。

流星群は、小さいものまで入れれば20ほどです。その中で、初めて流星観測をする方でも見やすいのは1/3程度でしょう。下におもな流星群のリストを載せておきましょう。

流星はいつどこに出るかわかりませんが、流星群の場合は輻射点のある星座に向かって星空を眺めていると、より多くの流星を見ることができるでしょう。

主な流星群

流星群名	出現期間
しぶんぎ座流星群	1月1日〜1月5日
4月こと座流星群	4月20日〜4月23日
みずがめ座η流星群	5月3日〜 5月10日
みずがめ座δ流星群	7月27日〜8月1日
ペルセウス座流星群	8月上旬〜 8月20日
10月りゅう座流星群	10月8日〜 10月9日
オリオン座流星群	10月18日〜10月23日
おうし座南流星群	10月23日〜11月20日
おうし座北流星群	10月23日〜11月20日
しし座流星群	11月14日〜11月19日
ふたご座流星群	12月11日〜12月16日
こぐま座流星群	12月21日〜 12月23日

ペルセウス座流星群（撮影：及川聖彦）

極大日	輻射点赤経	輻射点赤緯	極大日の1時間当たりの出現数	性状	母天体
1月4日ごろ	229°	+49°	20個	速い	-----
4月22日ごろ	272	+31	5	速い	1861G1 サッチャー彗星
5月6日ごろ	336	−1	3	速い・痕	1P/ハレー彗星
7月28日ごろ	339	−17	5	ゆっくり	-----
8月12日～13日ごろ	48	+57	50	速い・痕	109P/スイフト・タットル彗星
10月9日ごろ	263	+56	3	ゆっくり	21P/ジャコビニ・ツィナー彗星
10月22日ごろ	95	+16	10	速い・痕	1P/ハレー彗星
11月6日ごろ	50	+13	3	ゆっくり・明るい	2P/エンケ彗星
11月13日ごろ	54	+21	3	ゆっくり・明るい	2P/エンケ彗星
11月18日ごろ	163	+22	15	速い・痕	55P/テンペル・タットル彗星
12月14日～15日ごろ	113	+33	50	速く短い	フェアトン（小惑星3200）
12月23日ごろ	217	+76	3	ゆっくり	8P/タットル彗星

流星群を
観測しよう

眼視観測

　流星は広範囲に出ることから、観測にも双眼鏡や望遠鏡を使う必要はありません。自分の眼だけで観測することができます。眼視での観測は、一人でもできますが、家族や仲間たちと一緒に見るのもいいでしょう。その場合は、観察する区域を決めたり、記録係などの役割を決めたりして、いつ（時刻）、どの星座に、明るさや速さなどを観測して記録します。流星観測用の記録用紙は自分なりに必要な項目を決めて、作っておきましょう。

　また、流星観測は長丁場になるので、長時間立ったままでの観測は辛いものです。椅子や敷物に腰を下ろしてじっくり観測するようにしましょう。寒い季節にはシートやその上に毛布、夏には虫除けなどがあると便利です。

写真観測

　確実に出現した記録をとるなら、何といっても写真観測です。デジタルカメラはISO感度が高く、一瞬のうちに流れる流星を撮影し記録する良好な手段です。また、動画で撮影してもよいでしょう。可能であれば複数のカメラを、撮影する方向を決めておくと効率

流星群の観測は、グループで行なうのも楽しいでしょう。

煙のような流星痕を残す流星もあります。

的に流星を観測することができます。

電波観測

　流星は電波を使って観測することもできます。流星が出現すると電波が反射するので、その電波の反射「流星のエコー」の数を数えて流星の数とします。日本では、HRO（Ham-band Radio Observation）という方法が主流です。なお、電波観測は、昼夜問わず、また天候の影響も受けません。

防犯カメラやドライブレコーダー

　隕石の落下やとても明るい火球が出現すると、ニュースで使われるのが、防犯カメラやドライブレコーダーの映像です。私も自宅で4台の防犯カメラを使用しており、火球の出現をキャッチしようとしています。防犯カメラやドライブレコーダーは、本来の目的とは異なりますが、最近は流星をとらえる手段の一つとなっています。

インターネット動画

　流星群の極大日のころ、インターネット生中継により動画が配信され、流星群の様子が部屋に居ながらにしてわかるようになりました。夜間の外出ができない場合や、自宅周辺の天候が悪く流星群が観測できない場合など、とても役に立ちます。

おすすめの流星群

　これまで紹介した流星群以外にも、1年を通して流星群の出現があります。それらの流星群を、ほとんど全夜観測する熱心な人もいます。しかし、これから流星群を観測してみようという人には、出現数の多い流星群を観測することをおすすめします。

　三大流星群として、1月の「しぶんぎ座流星群」、8月の「ペルセウス座流星群」、12月の「ふたご座流星群」がありますが、私がおすすめするのは「ペルセウス座流星群」、「ふたご座流星群」、そして「しし座流星群」です。それぞれ流星群ごとに特徴がありますが、この3つの流星群は、その特徴がわかりやすく、流れる流星の数も多いので楽しく観測できます。

　それぞれの流星群には、出現のピーク時刻が予報で出されています。一晩じゅう流星の観測ができない場合は、ピークのころに観測するとよいでしょう。

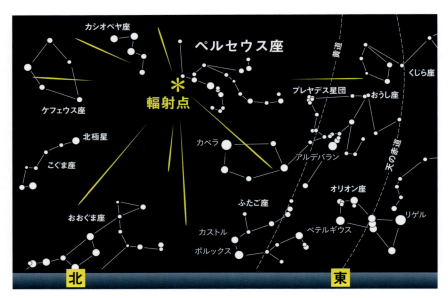

● ペルセウス座流星群

毎年夏休みの8月12〜13日ごろに出現の極大をむかえるペルセウス座流星群は、秒速60kmと速いので明るい流星が多く、落下の途中で爆発するように急発光するものも多いので、痕を残すものが多く、安定した流星の出現を見せています。

● **しし座流星群**

輻射点が「ししの大がま」とよばれる星の並びの中にあり、輻射点がわかりやすい流星群です。流星の速度が秒速70kmと速く、流星が経路の最後で爆発するように急激に明るくなり、見ごたえのある流星群です。明るい火球の出現もよくあります。なお、次の大出現は2034〜2037年ごろと予想されています。

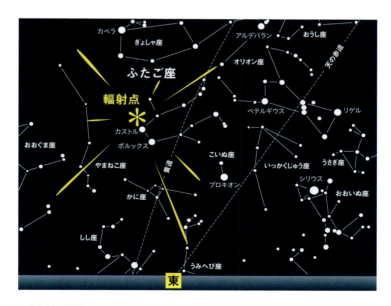

● **ふたご座流星群**

流星のスピードがペルセウス座流星群のおおよそ半分の秒速33kmで、流星の経路の途中で光度変化が少なく、スーッと流星が流れるといった感じです。ペルセウス座流星群と並んで安定した流星の出現数があります。一晩中輻射点が見えているので観測は長時間にわたるため、防寒対策はしっかりしておきましょう。

彗星の観測

彗星とは

　長い尾を持った彗星をこれまでに見たことはありますか。76年ごとに地球に接近する、彗星の代表格のような存在のハレー彗星については、見たことがなくても名前だけは知っている人も多いでしょう。

　彗星の中心部の核は氷やチリでできています。この核はハレー彗星でさえ直径は20kmにも満たないほどです。核は太陽に接近すると熱で熱せられ、蒸発したものが大きく取り巻きます。そして太陽からの猛烈な太陽風で吹き飛ばされ、尾ができます。彗星が地球から確認できるのはこのためです。尾は、ときには肉眼でも竹ぼうきを逆さまにしたように見えることから「ほうき星」の異名があります。

　彗星は太陽近辺を通過する際、太陽

C／1996 B2 百武彗星。長大な尾が伸びました。

の熱により噴出した尾は、太陽と反対方向にたなびきます。ガスの尾は太陽とは正反対に伸びます。一方、チリは少々重めであることから軌道上に取り残されるように放出され、カーブを描くような尾になりがちです。彗星の写真や肉眼でよく見られる、放射状に曲がったいかにも何かを吹き出しているように見える彗星の尾は、ほとんどがチリでできたダストの尾です。

C／2002 V1 ニート彗星

C／2004 F4 ブラッドフィールド彗星

C／1995 O1 ヘール・ボップ彗星。20世紀において、もっとも長い18ヵ月もの間、肉眼でも観測することができました。

彗星の軌道

彗星は、太陽の周りを回る太陽系の天体の仲間ですが、惑星のように円に近い軌道では回っていません。そのほとんどは、太陽のはるか遠くから太陽系に近付いてきて、太陽をかすめて通り、そしてまた遠ざかっていきます。

彗星のほとんどは、太陽に接近してははるか遠くへもどっていく楕円軌道を描いています。このような太陽への接近を繰り返す「周期彗星」と、放物面や双曲面軌道を描き、一度だけ太陽に近付いて、そのまま太陽系から離れて宇宙の彼方へ消えていく「非周期彗星」があります。

また「周期彗星」のうち太陽に近付く周期が200年以内のものを「短周期彗星」、200年以上のものを「長周期彗星」とよんでいます。

彗星の構造

彗星は「汚れた雪だるま」といわれるように、その本体の中心部にある核は、氷の中にチリがたくさん詰まった状態です。多くは直径が数百mから数十kmで、あまりにも小さく、地上から天体望遠鏡で見えることはありません。

見えるのは、太陽の熱であぶられ、蒸発したコマの部分が巨大化するからです。そのコマは太陽からの電気を帯びた粒子の流れ「太陽風」によって流され、太陽の方向と反対に尾が伸びます。

望遠鏡で見たときに、中心部のとく

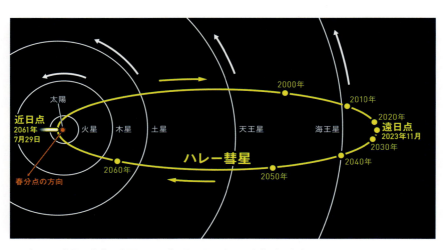

1P／ハレー彗星の軌道。次回は2061年7月29日にもっとも接近します。

に明るい部分を「中央集光部」とよび、その周りをガスの固まりのように見える「コマ」が取り囲みます。尾は「ダストテイル（ダストの尾）」とよばれる細かなチリの尾と、「イオンテイル（イオンの尾）」とよばれる電気をおびた粒子の尾からできています。

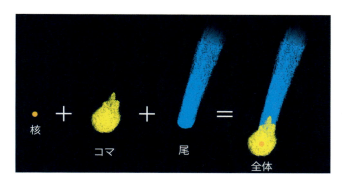

● **彗星の構造**

本体となる氷やチリでできた核の周りにぼんやりとしたコマがあり、コマから尾が伸びます。

COLUMN
彗星の記号の読み方

マックホルツ・岩本・藤川彗星　　C/　　2018　　V 1
　　　　　　❶　　　　　　　　　❷　　　　❸　　　❹

	1月	2月	3月	4月	5月	6月	7月	8月	9月	10月	11月	12月
前半	A	C	E	G	J	L	N	P	R	T	V	X
後半	B	D	F	H	K	M	O	Q	S	U	W	Y

❶は彗星の発見者の名前や観測所、発見プロジェクトなどの名前で、複数の場合は3人までの連名でよばれることもあります。名前の方が親しみやすいので、一般的には発見者などのよび名でよばれますが、正式には❷〜❹までの記号が付けられることになっています。
❷は彗星の種類を表わすもので、見つかった彗星にはまずC／が付けられます。その後の観測により、以下のような表記になります。[C／発見当初である仮記号、P／軌道要素などが確定し、周期彗星であることが判明したもの、D／発見はされたものの、その後消滅したもの、A／彗星として発見されたものの、小惑星だったもの、X／軌道がはっきりしないもの]
❸は彗星が発見された西暦年です。❹は発見された月日の情報で、アルファベットは月の前半と後半で下の表に分けて、数字はその期間中の順番です。

※Iは数字などと紛らわしいので使用しません。

彗星の観測

　肉眼でも長い尾が観測できるような大彗星が来ないかと、出現を楽しみにしている人も多いでしょう。天文年鑑などで紹介されている観測可能な彗星の予報で、観測したい彗星が星座のどのあたりにあるか、自分の双眼鏡や天体望遠鏡で観察できる明るさになっているかなど調べてみましょう。彗星は発見された直後に急激に明るくなることも多く、その場合は天文雑誌や、インターネットの天文情報サイトで情報が得られます。

　彗星は星ぼしの間を刻々と動いていきます。また、尾を引いているようなときは尾の変化が著しい場合があります。彗星の観測には、彗星の移動を追う位置観測、明るさの変化を追う光度観測、そして彗星の形状の変化を追う観測などがあります。彗星は「活きた天体」ともいわれるくらいですので、ある日突然明るくなったり、暗くなったりすることもあり、気が抜けません。また、数日のうちで、夜空を横切るような長大な尾を引くこともあります。「今日の彗星はどんな姿になっているかな？」という気持ちで毎日観測してみましょう。

肉眼での観測

　肉眼で充分見えるような明るさの彗星が現われればよいのですが、めったに出現しません。

　彗星は淡くボヤッと広がった天体です。このように「拡散」した天体の明るさは、「拡散していなかった状態の明るさ」をその等級としています。それぞれの彗星の拡散状態によって、同じ明るさの恒星はもちろん、同じ明るさとされる彗星とくらべても暗く感じることがあります。彗星観測の事前観測として、星雲を数多く観察しましょう。星団のぼんやりとした状態が彗星によく似ていますので、淡い彗星を見る訓練にもなります。

　眼視による彗星観測には、双眼鏡が適していますが、天体望遠鏡の場合は、口径が大きくF値の小さい明るい光学系が適しています。8等級よりも明るい彗星であれば、口径10cm前後で倍

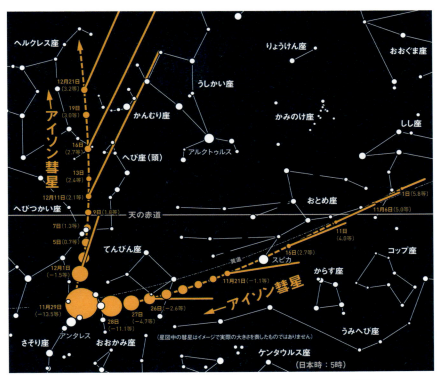

● 彗星の
　星空での動き

2013年に明るくなると予想されたアイソン彗星の星空での動き。

● 実際の
　彗星の見え方

地上でアイソン彗星を見たときの様子。ただし、実際には太陽に接近した際に分裂してしまい、見ることができませんでした。

率が40倍ほどあれば観測することができます。

観測では、彗星の尾全体を観測します。尾の形は短時間でもかなり変化することがあります。記録した時間も正確に記録しましょう。

写真での観測

彗星は、カメラの標準レンズで撮影しても、青くぼんやりと案外写ります。また、詳細な尾の姿を記録したい人は、望遠レンズや望遠鏡にカメラを取り付けて赤道儀を使って追尾撮影します。

イオンの尾で起きる現象は肉眼では観測がむずかしいので、写真で観測する必要があります。

イオンの尾では特徴的な構造が観測されることがあります。「すじ、こぶ、折れ曲がり、らせん、塊、ちぎれ」とよばれる現象で、このような構造が時間の経過とともに的に変化していく現象をとらえられます。これらの観測は変化を追うもので、連続して写真を撮ります。また、本格的な彗星の撮影では、星の日周運動の追尾とともに、彗星固有の移動に合わせてカメラを動かします。

スケッチをとる

私のおすすめの観測方法はスケッチをとることです。バインダーに取り付けたスケッチ用紙に淡い光を当てて、天体望遠鏡でのぞいた頭部の部分的な形状を輪郭だけでもいいから記録していきましょう。また星ぼしの間を彗星が移動していく様子を1枚のスケッチ用紙に書き込んでいくのもいいでしょう。日付と時刻、そして使用した天体望遠鏡や双眼鏡などのデータをはじめ、気が付いたことを記述しておきましょう。

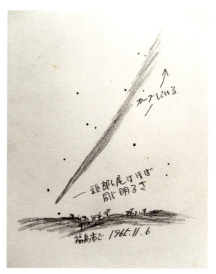

1965年に出現した大彗星「イケヤ・セキ彗星」のスケッチ。

第 6 章

星雲・星団・変光星・
新星・超新星・
重星の観測

星雲・星団の観測

宇宙空間にはたくさんの星があります。「無数」という言葉どおり、星は数えきれないほどです。そのような星ぼしの間には、雲のようなものがあったり、星が集まっているところがあります。これが星雲と星団です。

肉眼での観測

星雲・星団は肉眼でも見えるものがあります。たとえばおうし座のプレヤデス星団、M45は代表的なものです。町明かりのあるようなところでも、10月ごろになると宵の東空に何となくぼうっとしたかたまりがあるのに気付きます。もちろん郊外であれば、羽子板のような並びで6個ほどの星が見えます。また、すぐそばにはおうし座の頭の部分を形作っている"V"字に並んだヒヤデス星団もあります。地球に近いところに存在している立派な星団です。1つの星座に肉眼で確認できる星団が2つもあるなんてすばらしいことです。

ほかにも、ぼんやりと確認できるアンドロメダ銀河など、肉眼で観測できる星雲・星団もたくさんありますから、星図を頼りに検索してみてください。

双眼鏡での観測

ヒヤデス星団の並びは肉眼でも充分観測できますが、プレヤデス星団は少々厄介です。視力がよい人でもいまひとつですし、視力が弱い人だとぼやっとしか見えません。このようなときには、やはり双眼鏡の手助けが必要です。

双眼鏡には、望遠鏡に匹敵するほどの倍率表示のものもありますが、まずは8倍か10倍程度の倍率のものが無難です。では、この双眼鏡をプレヤデス星団に向けてみましょう。星が羽子板のような形に並んで見えますか。

次に、条件の良い場所でアンドロメダ銀河に向けてみましょう。何となく楕円形をしている姿が目に入ってきます。その調子で、オリオン座の三ツ星に双眼鏡を向けて、そのまま下側の小三ツ星に振ってみましょう。その真ん中に見えるぼんやりとしたものが、有名なオリオン大星雲です。

望遠鏡での観測

　望遠鏡を使用すると、肉眼や双眼鏡でよりも格段に詳しく観測ができます。メシエ天体（p.126参照）はすべて見えますし、NGC天体もいくつも見えます。なお、これは肉眼での観測の場合ですが、写真撮影も活用すれば、天文台にある大きな望遠鏡でなければ写らなかったような星雲・星団が個人でも撮影できます。これはデジタルカメラが主流になってその精度がぐんとアップしたことにもよるでしょう。

　なお、私は撮影もしますが、好んで行なうのは肉眼でじっくり見ること、そしてときにはスケッチをすることです。こんなにきれいな星雲・星団が望遠鏡で見えているのだから、じっくりと肉眼で見てほしいのです。

　私の天文台での一般の方を対象にした夜間公開では、口径65cm反射望遠鏡でのぞいていただくのですが、のぞいたとたん「見えた！」と目を離してしまう方が多いのです。しかし「1～10をゆっくり数えるくらいは見ておいてね」といいます。また「のぞき慣れ」も大事なことで、1回見るより2～3回見るとよりよく見えてくるものです。

　皆さんも望遠鏡を買ってそれで満足してしまうのではなく、晴れた夜はできるだけ外に望遠鏡を出して、本来の宇宙空間に存在している星雲星団を探し出してみてください。

大型双眼鏡による観測

反射望遠鏡による観測

星雲・星団の種類

　ひとことでいうと、星雲はガスが集まって雲のように見えるもの、星団は恒星がいくつか集団で集まっているものです。大宇宙空間に現在でも繰り広げられる恒星やガス状の進化や変化による形は、望遠鏡などで見ると芸術的な美しさを持ち合わせています。星の集合体や恒星が星雲の後ろや前から照らしているような姿も見られます。これらの星雲・星団は次のように分類されています。

散開星団

　1ヵ所から誕生し、ごく接近した位置にある恒星の集団です。若い恒星で、ときには星間ガスも観測されます。わりあいばらけた星の集団です。

ペルセウス座の二重星団

散光星雲

　可視光で観測できる星雲です。この中には、自らガスが光り輝いているものや、星雲の手前にある恒星が照らしている反射星雲があります。

干潟星雲（M8）

暗黒星雲

　馬頭星雲のように、散光星雲を背景に浮かび上がったり、バックにある恒星の光によって浮かび上がったように見える星雲です。自ら発光することのない星雲です。

馬頭星雲

球状星団

恒星がお互いの重力で中心部が密度の高い球状に集まった星団です。比較的寿命の短い星の集合体で、老齢期になっているといわれています。銀河にへばりつくように存在しています。

ヘルクレス座球状星団（M13）

惑星状星雲

恒星の寿命が尽きようとしたときに、放出したガスが中心星からの紫外線によって光り輝いている星雲です。惑星のようにほぼ丸いことからこのようによばれています。

あれい状星雲（M27）

超新星残骸

超新星爆発によって放出された物質が星雲状に見えるものです。1954年におうし座の一角で起きた超新星爆発により、その後しばらくしてから星雲が観測され、M1となっています。

かに星雲（M1）

銀河

過去には小宇宙とよばれたものですが、太陽系を含む天の川銀河のように、多くの恒星などが存在している大集団です。望遠鏡では渦巻きや棒状のような形に見えたりします。

アンドロメダ銀河（M31）

カメラで記録する

　星雲・星団をカメラで撮影する場合、標準レンズといわれる50mm前後で充分写ります。おうし座のプレヤデス星団などは取り巻くような星雲まで写りますし、オリオン座の大星雲を撮影した場合には、鳥がいっぱいに翼を広げたような姿に写ります。また、そのオリオン座に広がるバーナードループという肉眼では決して見ることのできない星雲も写真なら写ります。そしてオリオンの三ツ星の右側の星の少々下をご覧ください。何か黒い部分が見えます。これが馬頭星雲です。

　撮影で得られた画像は、思いがけない喜びを感じさせてくれます。また、望遠鏡にカメラを取り付けて拡大撮影すれば、さらに感動的な画像が飛び出してくることでしょう。いろいろ工夫しながらチャレンジしてみましょう。

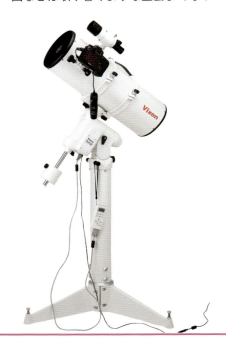

COLUMN
メシエ天体とNGC天体

　星雲・星団は記号や番号で登録されています。フランスの彗星捜索家シャルル・メシエは彗星と紛らわしい星雲・星団にメシエの頭文字のMを付け、1～110番までのメシエカタログを作りました。これに登録されているのがメシエ天体です。その後、NGCカタログが製作され、7840個が登録されました。これにはメシエ天体も重複して載っています。そのほかにICカタログなどもありますが、私たちにはじみ深いのはメシエカタログやNGCカタログでしょう。たとえばM1は形状から"かに星雲"の名称がありますし、NGC1952でもあります。

スケッチで記録する

　私はスケッチ愛好家ですので、何の観測においてもスケッチをおすすめしています。ただし、昼の風景ならばキャンバスを三脚に取り付けて優雅に写生できますが、天体は動くし暗闇ですから、スケッチといってもままならない部分もあります。でも、工夫次第で何とかなるものです。

　スケッチの利点は、現在の様子を素早く記録できることです。ここで大事なのは、美術館で見る絵画のように芸術的に描くのではなく、天体を見た目どおり正確に写し取ることです。想像豊かにアレンジしてはいけない分野です。見たままの感じが大切なのです。

　さて、皆さんも星雲や星団をあらかじめ円を描いた画用紙に見た目のまま描いてみてください。きっといい記録になります。なお、鉛筆だけで白い画用紙やケント紙に描写すると、白黒反転像となります。スケッチした際には、目的天体名と日時（西暦表記）、観測機材も忘れずに記録しておいてください。

　望遠鏡をのぞいて彗星らしい光芒を見つけたら即、星ぼしの中に光芒を描き、星図にあらかじめ記入されている星雲・星団かどうかを確認します。あるいは見えている星雲の輪郭だけを描いて目的の星雲かどうかを確認するなど、手法はさまざまです。

写真でとらえたトラペジウム

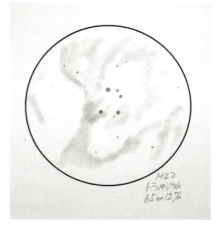

スケッチしたトラペジウム

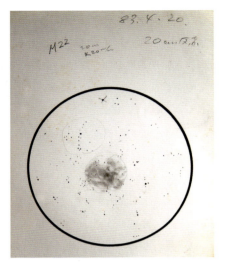
M22のスケッチ

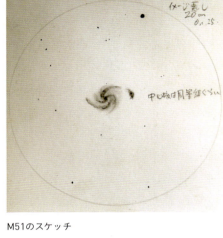
M51のスケッチ

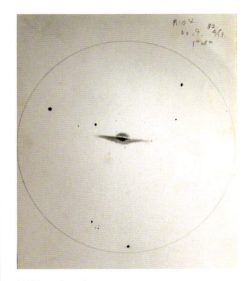
M104のスケッチ

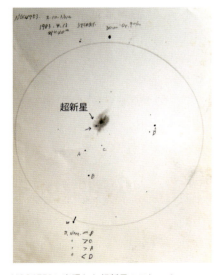
NGC4753に出現した超新星のスケッチ

おすすめのメシエ天体

メシエ番号	名称	星座	赤経(2000.0)	赤緯(2000.0)	等級(V)	種	NGC番号	
M1	かに星雲	おうし座	05 34.5	+22 01	8.4	光	1952	天
M4		さそり座	16 23.6	−26 30	6.4	球	6121	レ、天
M5		へび座頭部	15 18.6	+02 06	6.2	球	5904	天
M8	干潟星雲	いて座	18 03.1	−24 23	6.0	光	6523	眼、レ
M13	ヘルクレス座球状星団	ヘルクレス座	16 41.7	+36 27	5.7	球	6205	眼、レ
M15		ペガスス座	21 30.0	+12 11	6.0	球	7078	レ
M16	わし星雲	へび座尾部	18 18.8	−13 46	6.4	散	6611	眼、レ
M17	オメガ星雲	いて座	18 20.7	−16 10	7.0	光	6618	眼、レ、天
M20	三裂星雲	いて座	18 02.3	−23 02	9.0	光	6514	天
M22		いて座	18 36.3	−23 56	5.9	球	6656	レ、天
M27	あれい状星雲	こぎつね座	19 59.6	+22 43	7.6	惑	6853	天
M31	アンドロメダ銀河	アンドロメダ座	00 42.6	+41 16	4.8	銀	224	眼、レ、天
M33		さんかく座	01 33.9	+30 40	6.7	銀	598	レ
M35		ふたご座	06 08.8	+24 21	5.3	散	2168	レ
M36		ぎょしゃ座	05 36.2	+34 08	6.3	散	1960	レ
M37		ぎょしゃ座	05 52.3	+32 32	6.2	散	2099	レ
M38		ぎょしゃ座	05 28.7	+35 50	7.4	散	1912	レ
M41		おおいぬ座	06 47.1	−20 46	4.6	散	2287	レ
M42	オリオン大星雲	オリオン座	05 35.3	−05 23	4.0	光	1976	眼、レ、天
M44	プレセペ星団	かに座	08 40.0	+20 00	3.7	散	2632	眼、レ
M45	プレヤデス星団	おうし座	03 46.9	+24 07	1.6	散	−	眼、レ、天
M46		とも座	07 41.8	−14 50	6.0	散	2437	眼、レ
M51	子持ち星雲	りょうけん座	13 30.0	+47 11	8.1	銀	5194	天
M57	環状星雲	こと座	18 53.5	+33 02	9.3	惑	6720	天
M65		しし座	11 18.9	+13 06	9.5	銀	3623	天
M66		しし座	11 20.2	+13 00	8.8	銀	3627	天
M78	ウルトラの星雲	オリオン座	05 46.8	+00 04	8.3	光	2068	天
M81		おおぐま座	09 55.6	+69 04	7.9	銀	3031	レ、天
M82		おおぐま座	09 55.9	+69 41	8.8	銀	3034	レ、天
M94	黒眼星雲	りょうけん座	12 50.9	+41 08	7.9	銀	4736	天
M97	ふくろう星雲	おおぐま座	11 14.7	+55 02	12.0	惑	3587	天
M104	ソンブレロ星雲	おとめ座	12 39.9	−11 37	8.7	銀	4594	レ、天
M110		アンドロメダ座	00 40.4	+41 41	9.4	銀	205	レ
その他の天体	オリオンの三ツ星	オリオン座	05 42.0	−01 49		光	2024	天
	かみのけ　紡錘状	かみのけ座	12 36 3	+25 36		銀	4565	天
	らせん状星雲	みずがめ座	22 29.7	−20 47	6.5	惑	7293	天
	網状星雲群	はくちょう座	20 56.4	+31 41		光	6992〜5	レ、天
	北アメリカ星雲	はくちょう座	21 01.8	+44 12		光	7000	レ
	バラ星雲	いっかくじゅう座	06 30.3	+05 02		光	2237	レ
	ω星団	ケンタウルス座	13 26.8	−47 18	3.0	球	5139	レ、天
	ヒヤデス星団（Mel25）	おうし座	04 19.6	+15 38	0.8	散	−	眼、レ
	h	ペルセウス座	02 19.1	+57 08	4.4	散	869	眼、レ
	χ	ペルセウス座	02 22.5	+57 06	4.7	散	884	眼、レ

眼：肉眼や双眼鏡での観測に適している　カ：望遠レンズでの撮影に適している　天：天体望遠鏡を使った撮影に適している
球：球状星団　散：散開星団　光：散光星雲　惑：惑星状星雲　銀：銀河

変光星の観測

変光星とその種類

　夜空に輝く恒星は、その名前のように天球上でつねに動かず変わらず輝いているように見えます。しかし恒星の中には、周期的にあるいは突発的に明るさを変える星があります。そのような恒星を変光星とよんでいます。変光星を観測することで、星の進化や性質、そして変光星の種類によっては地球から変光星までの実距離などさまざまなことを計り、知ることができるのです。

　変光星はさまざまな種類のものがありますが、変光星観測の入門向けとして、食変光星と脈動変光星について紹介しましょう。

食変光星アルゴル

　ペルセウス座のβ星アルゴルは、2日と20時間49分の周期で2.1等から3.4等と、3.2倍ほど明るさが規則的に変化する変光星です。

　アルゴルは主系列星（B型）と準巨星（K型）の2つの星がお互いを公転している連星です（p.25参照）。私たちの小さな天体望遠鏡ではこの連星を見分け

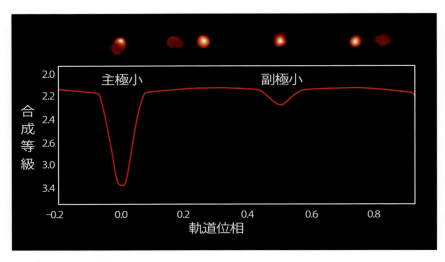

アルゴルの明るさの変化

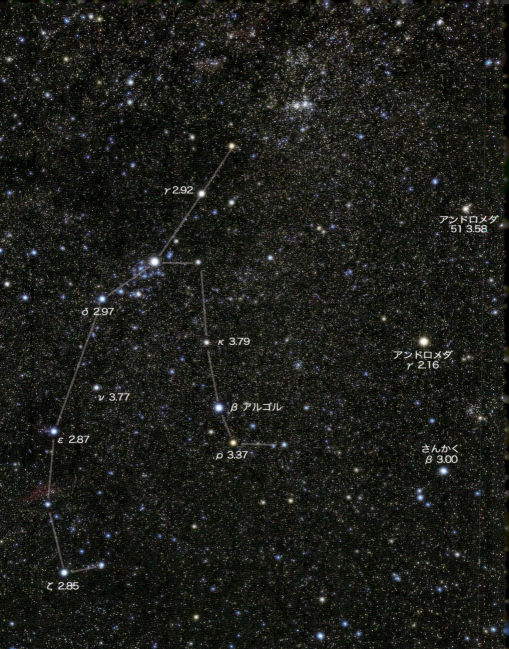

ペルセウス座β星アルゴルの位置と周辺の星ぼしの明るさ

ることはできず、2つの星の明るさが合成された1つの星のように観測できます。しかし、この2つの星の公転軌道面が地球の方向とほぼ一致しているため、ときおり2つの星が重なって見えます。このとき、隠された星の分だけ暗く見えるのです。

p.130の図はウィルソン山天文台にある光学干渉計「CHARA」がとらえたアルゴルの実際の画像に公転軌道を書き足したもので、2つの星の位置関係により明るさが変化する様子を示したものです。主極小を挟んで前後数時間は明るさの変化がはっきりと観測できます。

脈動変光星ミラ

くじら座のo星ミラは、2.0等から10.1等まで実に1740倍も明るさが変化する変光星です。周期はおよそ332日で、極大ごろには街灯りのある都心部の空でも見ることができますが、極小ごろには天体望遠鏡を使わないと見えないほど暗くなります。下図のように2009年ごろは極大時に2.0等まで明るくなりましたが、それ以降は2.5～3.0等ほどになっています。

ミラは赤色巨星(M型)で、星の一生のうちの終末期にあたる恒星です。不安定な状態にあり、周期的に膨張と収縮を繰り返しています。収縮している状態では星が高温になり明るく輝き、膨張するときは低温になり暗くなります。このような変光星を脈動変光星とよんでいます。

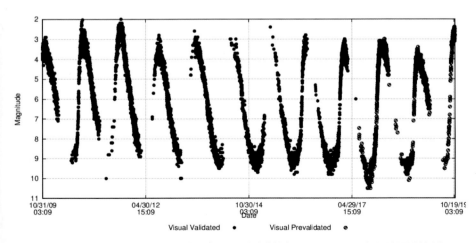

くじら座o星ミラの2009年から2019年にかけての光度曲線（AAVSO：アメリカ変光星観測者協会）

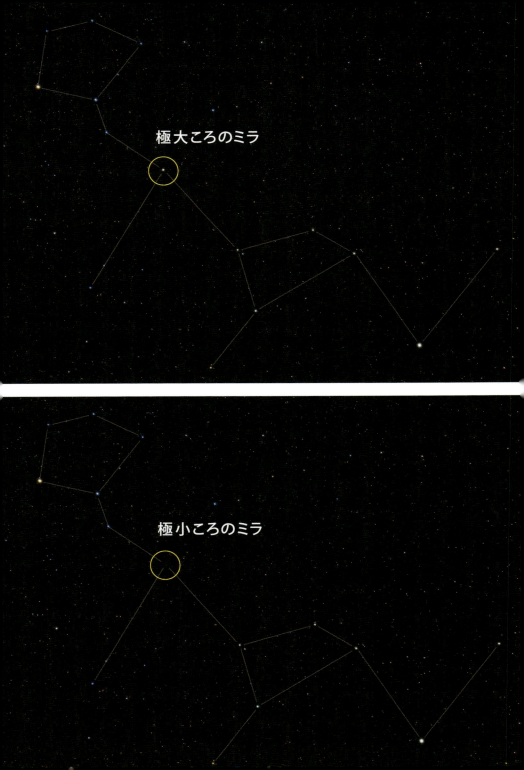

測光：星の明るさを測るには

　変光星の観測は、明るさを測り、記録することが主となります。継続して測った変光星の明るさをグラフ（光度曲線）に描くことで、その変光の規則性や周期といった性質、そして極大や極小の日時を求めることができるのです。

　星の明るさを測ることを測光とよんでいますが、変光星の測光はどのように行なうのでしょうか。

　測光は眼視による目測や、写真による計測が簡単です。どちらもあらかじめ等級のわかっている星と変光星との明るさの違いを計測することで行なえます。肉眼や望遠鏡で変光星を見て、近くに変光星と似た明るさの星がないかを探して、その明るさの差を記録するのです。あらかじめ、変光星を観測するための星図や、星の明るさを知ることのできる天文アプリなどを用意するとよいでしょう。

　肉眼での観測でよく用いられる方法に、光階法と比例法があります。ここでは比例法を紹介しましょう。たとえば、あるときのミラを観測したとき、変光星図の9.3等の星よりは暗く、10.3等の星よりは明かったとします。そのとき、9.3等と10.3等の明るさの違いを10等分して、ミラの明るさがどの明るさになるかを目測します。もし、2つの星のちょうど中間と目測したなら5：5という具合です。もし3：7と目測したなら観測した日時とともに"(9.3)3−7(10.3)"と記録します。この場合のミラの明るさは比例法で算出

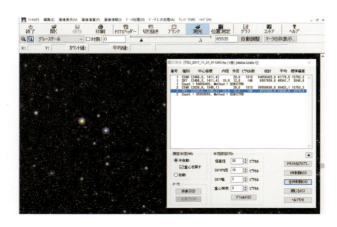

測光ソフトの例
（すばる望遠鏡画像処理
ソフト：マカリ）

すると、9.3＋(10.3−9.3)×(3÷10)で9.6等ということになります。

写真で得られた画像から変光星の明るさを測光するには、測光用のソフトウェアを使います。ソフトでは撮影した写真の測光したい恒星を選択することで、その恒星の写真上のカウント値を得ることができます。眼視観測の時と同じように、明るさのわかった恒星と変光星の明るさのカウント値を計測してくらべることで、変光星の明るさを求めることができるのです。

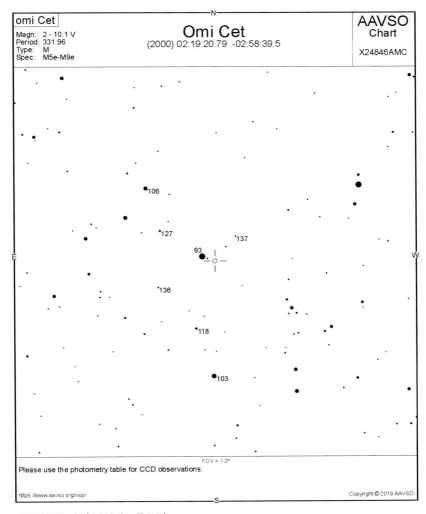

変光星星図の例(くじら座o星ミラ)

新星と超新星の観測

新星と超新星とは

　今まで星が見えなかった領域に、新しい星が生まれたかのように突如星が輝き出し、ニュースなどで話題になることがあります。これが新星や超新星とよばれる天体です。これは新しい星の誕生ではなく、暗くて見ることができなかった恒星が爆発を起こし、わずか数時間から数日間の間に数千倍から数万倍の明るさになって発見されるものです。

　新星は左ページ図のように、白色矮星や中性子星、ブラックホールなど高密度星と主系列星が近接連星となっている天体です。恒星から高密度星に向かって流れ出すガスが降着円盤を形成し、次第に高密度星へと降り積もっていきます。これが爆発を起こし、新星として観測されるのです。新星は爆発後、数百日ほどで暗くなっていきますが、高密度星へガスが供給される限り爆発を繰り返します。反復新星ともよばれます。

　一方、超新星は星の末期に達した大質量星が生涯の最後に爆発して、およそ1億倍も明るく輝く現象です。超新星は1つの銀河で半世紀に1度ほどの頻度で発生するといわれ、私たちの銀河系では、1054年にかに座超新星が、私たちの伴銀河大マゼンラン銀河では1987年に超新星爆発が起こりました。この超新星爆発で発生したニュートリノが日本のカミオカンデでとらえられノーベル物理学賞受賞につながったことは記憶に新しいところです。

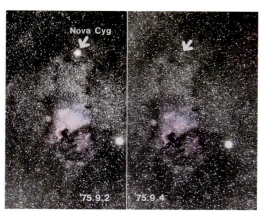

はくちょう座新星の発見時のころ（左）と減光していく様子（右）

新星と超新星の観測

　新星や超新星はいつどこに現われるかはまったくわかりませんので、地道に捜索観測を続けるしかありません。

　最近では写真による捜索が主流となっています。星図や以前撮った同じエリアの写真と見くらべることで、新星や超新星を見つけるのです。

　新星は星の数の多い、天の川銀河に多く見つかる傾向にあります。標準レンズや望遠レンズを使って、天の川銀河に沿って写真をたくさん撮り、その中から捜索するのがよいでしょう。

　一方、超新星は銀河に現われますので、天体望遠鏡を使って数多くの銀河を撮影し、その中から超新星が現われていないかを捜索します。超新星は望遠鏡を使っても見られないほど暗いものが多いので、写真捜索による観測が有利です。

渦巻銀河NGC4526に出現した超新星SN1994D（1994年）（左下隅）

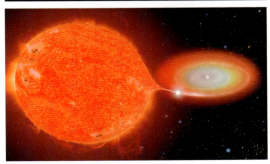

激変星の想像図

重星の観測

重星とその観測

夜空に輝く多くの星の中には、1つにしか見えない星が、望遠鏡で拡大してみると星が2つあるいはそれ以上の星に分離して見えるものがあります。このようなごく接近して見える星を重星、または多重星とよびます。重星を構成する星をコンポーネントとよびますが、これを2つ持つものを二重星、3つのものを三重星、4つのものを四重星とよんでいます。

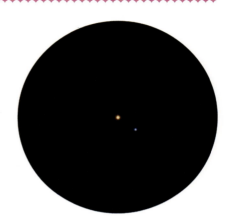

はくちょう座β星アルビレオ

こと座 $\varepsilon^{1\text{-}2}$ 星ダブルダブルスター

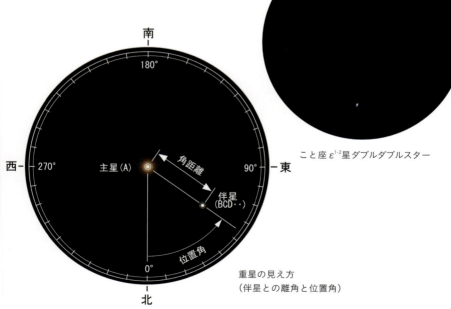

重星の見え方
（伴星との離角と位置角）

北斗七星の柄にあたる、おおぐま座ζ星ミザールと80番星アルコル

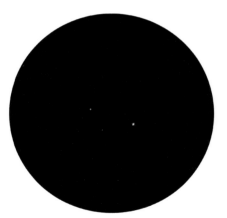

天体望遠鏡の低倍率で見たミザールとアルコル

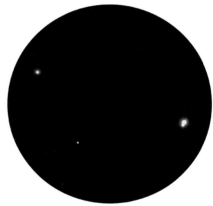

天体望遠鏡の中倍率で見たミザールとアルコル

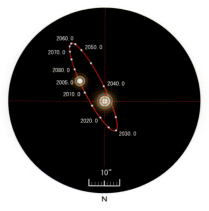

ケンタウルス座α星と伴星の公転軌道

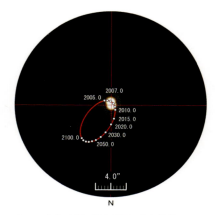

おとめ座γ星と伴星の公転軌道

　重星は太古から視力検査に使われてきたという北斗七星の柄の部分にあるミザールとアルコルのように肉眼で分離できるものから、望遠鏡の光学性能いっぱいの分解能を要するものなど、さまざまなものがあります。

　また重星は色の対比が美しいものがあり、息を呑むような美しいコントラストを見せてくれるものも数多く存在します。

　重星には、空間的にもコンポーネントが近接し重力的に結びついて重星系の共通重心の周りを公転する連星と、視線方向が一致しているだけで空間的に大きく離れ重力的な結びつきを持たない見かけの重星があります。

　シーイングの良い大気の落ち着いた夜に、望遠鏡に高倍率をかけて明るい恒星を観察すると、星像が完全な点像ではなく幾重ものリングに取り巻かれた円盤像に見えることに気付きます。

　これは光が波動の性質を持つために回折現象を起こすためで、このような恒星像を回折像といい、中心から第1極小までの円盤像をエアリーディスク、それを取り囲む幾重ものリングをディフラクションリング（回折環）とよんでいます。

　望遠鏡で同色で等光の二重星を分解できる最小の角距離を分解能とよび、これはシーイングや光学系の良否などを除くと、望遠鏡の有効口径によって決まります。

● 天体望遠鏡で見てみたい重星

りょうけん座α星

おとめ座γ星

うしかい座μ$^{1-2}$星

うしかい座1番星

オリオン座θ星トラペジウム

ヘルクレス座α星

おわりに

　私は今、福島県にある「星の村天文台」の台長を務めていますが、中学生のころは天文学者になりたいと思っていました。きっかけは「はじめに」でものべたように、小学生のころ、天体望遠鏡で太陽を担任の先生に見せてもらって、天文に興味を持ったことです。

　天文学者になりたかったので、数学と物理はがんばって勉強しました。そして天文学者になったら専門的な研究になり、狭く深いところへの探求になるため星に関わる全般的な観測はできなくなる、とも聞いていたので、天体観測は何でもやってきました。当時、天文学関連でのめり込まなかったのは天体や彗星の軌道計算だけです。計算どおりに彗星がやってくるのはおもしろいと感じたのですが、部屋にこもることになってしまうと思ったので、その時間があるのならそのぶん天体を実際に観測しようと、計算の分野には足を踏み入れませんでした。

　とはいえ、私の実家は染屋と呉服屋を営んでおり、それを継ぐという人生がすでに決まっていました。それで高校卒業後はすぐに染物職人の修行に入ったのですが、その傍らでずっと星空を観測してきました。

　これまで生きてきた中で、思いがけずすごい天文現象に出くわすこともありました。衝撃的だったのは、私が高校生のころ、1965年に出現したイケヤ・セキ彗星との出会いです。夕刻、テレビの解説に当時の国立科学博物館の故村山定男先

生が出ており、「明日の朝、暗いうちに起きて東の空を見てください。長く尾を引く彗星が見えます」という解説をされていました。とても寒い11月の明け方、きちんと起きて東の空を見たら、とんでもなく長い（約20度）尾をたなびかせた、まさに竹ぼうきを逆さまにしたような彗星が見えていたのです。今でも目をつぶるとその情景がよみがえります。私はその日から毎朝、父親から譲ってもらったマミヤ6という蛇腹式のカメラと、購入したばかりの一眼レフカメラで彗星を撮影しました。懐かしい思い出です。それから、2001年11月18日から19日早朝に起きた「しし座流星雨」。言葉どおり、流星が雨のように降り注ぎ、圧倒されました。

　いつどこに出るのかわからない流星や彗星も、星に興味を持っていれば、きっと遭遇できます。つねに待機するような気持ちで大きな天文現象を待ちましょう。その中で、あなたもきっときれいな星空の虜になることでしょう。

　近年は「宙ガール」などという言葉ができるほど、女性でも天体観測を楽しむ方が増えているようです。本書が少しでも天体観測を始める方の手がかりになればと思っています。まもなく冬の寒さを迎えるころですが、風邪をひかずに楽しく、天体観測を楽しんでいただけますように！

2019年11月

星の村天文台長　大野裕明

大野裕明 おおの ひろあき

福島県田村市星の村天文台・台長。18歳から天体写真家・藤井旭氏に師事。以降、数多くの天文現象を観測。また、多数の講演なども行なっている。また、皆既日食やオーロラ観測ツアーでコーディネイトをするなど地球表面上を訪問している。おもな著書に『星雲・星団観察ガイドブック』『プロセスでわかる天体望遠鏡の使い方』『星を楽しむ 天体望遠鏡の使いかた』『星を楽しむ 星空写真の写しかた』（いずれも誠文堂新光社刊）などがある。

榎本 司 えのもと つかさ

天体写真家。星空風景から天体望遠鏡でのクローズアップ撮影、タイムラプス動画まで、さまざまな天体写真撮影に取り組み、美しい星空を求めて海外遠征も精力的に行なう。天文誌への写真提供や執筆活動、天文関連ソフトウェアなど多方面で活躍中。おもな著書に『デジタルカメラによる月の撮影テクニック』『PHOTOBOOK 月』『星を楽しむ 天体望遠鏡の使いかた』『星を楽しむ 星空写真の写しかた』（いずれも誠文堂新光社刊）がある。

撮影協力
株式会社ビクセン
キヤノンマーケティングジャパン株式会社
株式会社ニコンイメージングジャパン
及川聖彦、渡辺和郎

モデル
高砂ひなた
（サンミュージックプロダクション）

撮影
青柳敏史

アートディレクション
草薙伸行
(Planet Plan Design Works)

デザイン
蛭田典子、村田 亘
(Planet Plan Design Works)

月食、日食、流星群、彗星、宇宙で起こる現象を調べよう
星を楽しむ 天体観測のきほん

2019年11月26日　発　行　　　　　　　　　　　　　　　　NDC440

著　者　大野裕明、榎本 司
発行者　小川雄一
発行所　株式会社 誠文堂新光社
　　　　〒113-0033　東京都文京区本郷3-3-11
　　　　（編集）電話　03-5805-7761
　　　　（販売）電話　03-5800-5780
　　　　https://www.seibundo-shinkosha.net/
印刷所　株式会社 大熊整美堂
製本所　和光堂 株式会社

© 2019, Hiroaki Ohno, Tsukasa Enomoto.
Printed in Japan

検印省略
万一、落丁乱丁の場合はお取り替えします。

本書掲載記事の無断転用を禁じます
本書のコピー、スキャン、デジタル化等の無断複製は、著作権法上での例外を除き、禁じられています。本書を代行業者等の第三者に依頼してスキャンやデジタル化することは、たとえ個人や家庭内での利用であっても著作権法上認められません。

[JCOPY] 〈（一社）出版者著作権管理機構 委託出版物〉
本書を無断で複製複写（コピー）することは、著作権法上での例外を除き、禁じられています。本書をコピーされる場合は、そのつど事前に、（一社）出版者著作権管理機構（電話 03-5244-5088／FAX 03-5244-5089／e-mail：info@jcopy.or.jp）の許諾を得てください。

ISBN978-4-416-61951-3